负载型多酸
光催化材料
及应用

FUZAIXING
DUOSUAN

GUANGCUIHUA
CAILIAO
JI YINGYONG

徐 蕾 闫景辉 赵 妍 臧慧敏 著

东北师范大学出版社 长 春

图书在版编目（CIP）数据

负载型多酸光催化材料及应用/徐蕾等著. —2版.
—长春：东北师范大学出版社，2015.3（2025.7重印）
ISBN 978-7-5681-0299-5

Ⅰ. ①负… Ⅱ. ①徐… Ⅲ. ①多酸—光催化剂—复合材料—研究 Ⅳ. ①TB33

中国版本图书馆 CIP 数据核字（2015）第 267567 号

□策划编辑：张　恰
□责任编辑：王宏志　　□封面设计：张　然
□责任校对：孔垂杨　　□责任印制：刘兆辉

东北师范大学出版社出版发行
长春净月经济开发区金宝街 118 号（邮政编码：130117）
网址：http://www.nenup.com
东北师范大学出版社激光照排中心制版
河北省廊坊市永清县晔盛亚胶印有限公司
河北省廊坊市永清县燃气工业园榕花路 3 号（065600）
2015 年 3 月第 2 版　2025 年 7 月第 3 次印刷
幅面尺寸：148 mm×210 mm　印张：7　字数：203 千

定价：45.00 元

摘　要

我国的水资源环境正面临着十分严重的污染，水处理设备和技术却比较落后，尽管国家每年耗巨额资金治理废水，但水体污染仍未得到有效治理。如化工、制药等企业产生的废水含有大量有机毒物，常规处理很难降解，这些难降解、有毒、有害的有机物"穿透"现有的污水处理厂直接进入水体，极大地破坏了生态环境。因此，研究与开发高效、低成本的新型污水处理技术，特别是研究难降解有毒、有害污染物的高效降解技术，已成为环境工程、环境科学等领域的科学前沿和热点问题。

近几十年，世界范围内的各种污水处理技术不断涌现，其机理主要包括生物、物理和化学过程。从经济和环境友好的角度考虑，生物处理技术最为理想。但是化工、制药等工业废水中很多有毒、有害的有机物很难被生物完全降解，且降解的中间产物可能对人类和水生生物的危害更严重。目前，光催化氧化技术已经成功地应用到水和大气中各种有机污染物的降解与矿化，其显著特点是反应条件温和，矿化彻底，处理速度快，无二次污染，并且可以氧化痕量（$\mu g/L$）级的有机污染物。

目前，二氧化钛光催化剂在降解水中的有机污染物时表现出了很高的活性和广阔的应用前景。但由于二氧化钛光催化剂是宽禁带（带隙能为 3.2 eV）半导体材料，因此对太阳光的利用效率不高（<5%），同时 TiO_2 的光催化量子效率较低，这些是影响光催化技术应用的最大障碍。另一类环境友好型光催化材料是多金属氧酸

盐（简称多酸），其固有的光催化性能源自其具有与半导体 TiO_2 相似的电子属性和化学组成，在近紫外光辐射下能够生成具有强氧化还原性的 $[M^{5+}-O-M^{6+}]$ * 激发态，快速引发光催化反应。均相体系中的多酸光催化技术已成功地用于精细有机合成以及有机污染物的降解。然而，多酸作为光催化剂还存在比表面积小和回收困难等缺点。为了克服二氧化钛和多金属氧酸盐作为光催化剂的不足，同时充分发挥两者的优势，我们将两者有机地结合起来，利用各自在结构及性能方面的优势，提高光催化活性，拓展在光催化领域的应用。

本书的第二章介绍了负载型多酸催化剂的主要制备方法、特点及其应用。

第三章介绍了常用于固载杂多酸的载体的结构、性能及复合材料的特点。

第四章采用溶胶－凝胶结合程序升温溶剂热的方法一步合成了多酸－二氧化钛（$H_3PW_{12}O_{40}/TiO_2$）复合光催化材料。研究发现，复合材料中活性组分 $H_3PW_{12}O_{40}$ 的基本骨架结构未发生改变，而且与 TiO_2 网络间存在较强的化学作用，母体 TiO_2 以锐钛矿晶型为主；$H_3PW_{12}O_{40}/TiO_2$ 具有微孔－介孔双重孔径及较大的 BET 比表面积；在模拟太阳光条件下，$H_3PW_{12}O_{40}/TiO_2$ 光催化剂的活性随着 $H_3PW_{12}O_{40}$ 的担载量（$0\sim19.8\%$）的增加而增强，并且明显好于纯 TiO_2；$H_3PW_{12}O_{40}/TiO_2$ 复合材料光催化降解酞酸酯（PAEs）的效率由大到小的顺序是：邻苯二甲酸二丁酯（DBP）＞邻苯二甲酸二乙酯（DEP）＞邻苯二甲酸二甲酯（DMP）。采用高效液相色谱——质谱和离子色谱对 $H_3PW_{12}O_{40}/TiO_2$ 复合材料在模拟太阳光条件下光催化降解 DEP 和 DBP 的中间产物进行了分析，并测定了降解过程中 TOC 的变化，结果表明：DEP 可以通过三条路径实现矿化，降解的主要中间产物有羟基化的邻苯二甲酸二乙酯、邻苯二甲酸、二羟基苯甲酸、马来酸酐和苯酚等化合物；DBP 可通过四条路径实现矿化，降解的主要中间产物有羟基化的邻苯二甲酸二丁酯、羟基邻苯二甲酸、苯甲酸丁酯等化合物，两者的中间产物均可进一步降解生成甲酸、乙酸和丁二酸等小分子酸，最后生成 CO_2 和 H_2O。

第五章采用溶胶—凝胶结合程序升温溶剂热处理方法制备了 $H_3PW_{12}O_{40}$ 和金属 Ag 共掺杂的 TiO_2 复合材料 $H_3PW_{12}O_{40}/Ag-TiO_2$。研究发现：复合材料具有锐钛矿相结构，金属银以单质形式存在；复合材料不仅在 $200\sim380$ nm 处有强烈吸收，在 $400\sim600$ nm 之间也有明显的光吸收；$H_3PW_{12}O_{40}/Ag-TiO_2$ 具有微孔（0.45 nm）和介孔（4.2 nm）双重孔径；BET 比表面积较 $H_3PW_{12}O_{40}/TiO_2$ 略小；不同光催化剂的活性顺序是 $H_3PW_{12}O_{40}/Ag-TiO_2 > Ag/TiO_2 > H_3PW_{12}O_{40}/TiO_2 > TiO_2$。在模拟太阳光条件下，复合材料 $H_3PW_{12}O_{40}/Ag-TiO_2$ 光降解磺胺甲噁唑（SMZ）的最佳反应条件是：当 SMZ 初始质量浓度为 20 mg/L，反应液 pH 值为 8.7，催化剂用量为 2.0 g/L 条件下，反应进行到 120 min 时，复合材料对 SMZ 的光催化降解率达到了 99.9%。将复合材料重复利用三次后，其降解率仍达到 87% 以上。采用高效液相色谱——质谱和离子色谱对 $H_3PW_{12}O_{40}/Ag-TiO_2$ 复合材料在模拟太阳光条件下光催化降解 SMZ 的中间产物进行了分析，测定了降解过程中 TOC 的变化。根据 SMZ 光降解的中间产物，推测出可能羟基自由基（OH·）首先进攻磺胺甲噁唑上的异恶唑环，形成羟基化的磺胺甲噁唑，该产物在羟基自由基作用下打开异恶唑环，生成羟基化的对氨基苯磺酰胺，进一步氧化脱去磺酰胺和苯胺键等，最终生成 CO_2，H_2O，NO_3^- 和 SO_4^{2-} 无机物。

第六章研究了模拟太阳光条件下复合材料 $H_3PW_{12}O_{40}/Ag$-TiO_2 光催化阿特拉津（AT）的情况。Ag 和 $H_3PW_{12}O_{40}$ 的最佳负载量分别为 0.8wt％ 和 19.7wt％，在 AT 水溶液（5 mg/L，100 mL，pH＝3.5）中，加入 1.0 g/L 催化剂，反应进行 60 min后，其降解率高达 99.3％。将复合材料重复利用五次后，其降解率仍达到 95％ 以上。此外，在此降解体系中，通过加入异丙醇（羟基抑制剂）和 EDTA（空穴捕获剂）证实，活性物种·OH 自由基对 AT 的降解起着决定性作用。利用高效液相色谱——质谱、离子色谱和总有机碳分析测定了复合材料 $H_3PW_{12}O_{40}/Ag$-TiO_2 光催化降解 AT 的中间产物，并推测出三种降解途径：·OH 自由基分别进攻 AT 分子的侧链异丙氨基中心碳原子、侧链乙氨基仲碳原子及 Cl-C 键，经脱烷基和羟基化作用形成 2，4，6 - 三羟基 - 1，3，5 - 三嗪（OOOT），其最终被氧化降解为 CO_2，H_2O，Cl^-，NO_3^-。

目　录

第一章 绪 论

引 言

随着社会和经济的快速发展，人类赖以生存的环境遭到了不同程度的污染破坏，尤其是水体污染。据统计，目前我国全年排污量超过 435 亿吨，其中 80％以上未经任何处理就直接排入天然水体。我国城市 90％的水域受到污染，水污染日趋严重，人类的健康受到了严重威胁。所以防治水污染，保护水环境，已成为我国环境保护工作的当务之急。水体中的污染物主要来源于化工、炼油、煤炭、纺织、钢铁、造纸和农业（化肥、农药以及除草剂）等领域。在各类污染物中，有机污染物是最重要的一类，在美国环境保护局（EPA）公布的 129 种基本污染物中，共有 9 大类 114 种是有机污染物。目前，具有代表性的有机污染物处理方法主要有物理吸附法、化学氧化法和生物处理技术，这些方法对环境保护起到了重要作用。但是这些技术在实际应用中仍然存在很多问题，例如，不能将有机污染物彻底矿化，易产生二次污染，很多有机污染物具有生物毒性，难以被微生物降解利用，使用范围较窄，能耗高等问题。因此开发新型高效、低能耗、使用范围广、无二次污染的水处理技术一直是环保工作者追求的目标。

光催化化学近年来日益受到各国研究人员的重视，作为一个全新的学科领域，光催化具有简单易行、经济实用、反应条件温和、矿化彻底和无二次污染等优点。目前的研究已经证实，美国环境保护局公布的 9 大类 114 种有机污染物可以通过光催化氧化方法处理，尤其适用于生物难降解的有毒有机物质。因此，近年来越来越多的人开始关注光催化化学的研究。

第一节 光催化化学

光催化是一个新的学科领域。1972 年 Fujishima 和 Honda[1]在 n—型半导体 TiO_2 电极上发现了光催化裂解水反应,揭开了多相光催化新时代的序幕。当时正值能源危机,利用太阳能制备氢气来缓解能源危机有重大的实用意义,这立即引起了学术界的广泛关注,开创了人类广泛利用太阳能的先河。1977 年 Frank 和 Bard[2]分别用 TiO_2,ZnO,CdS,Fe_2O_3,WO_3 等半导体作光催化剂,在 Xe 灯照射下对 CN^- 进行分解。结果表明:TiO_2,ZnO 和 CdS 对氰化物有光氧化作用,同时太阳光照射下 TiO_2 对 CN^- 也有较好的催化氧化作用,从而开辟了 TiO_2 在污水处理中的应用。1976 年 Carey 等人[3]发现,在紫外光照射下,TiO_2 可以将剧毒的多氯联苯成功降解,从而拓宽了光催化的应用范围,为有机物氧化反应提供了一条新的思路。1983 年 A. L. Pruden 和 D. Follio[4]对烷烃、烯烃和芳香烃的氯化物等一系列污染物的光催化氧化作了系统研究,发现反应物都能迅速降解。1989 年 Tanaka K. 等[5]人研究发现有机物的半导体光催化过程由羟基自由基(·OH)引起,在体系中加入 H_2O_2 可增加·OH 的浓度。进入 20 世纪 90 年代以后,纳米科技的高速发展为纳米光催化技术的应用提供了极好的机遇。纳米颗粒由于具有常规颗粒所不具备的纳米效应而具有更高的催化活性。控制纳米粒子的粒径和表面积等技术手段日趋成熟,通过材料设计,提高光催化材料的量子产率成为可能。同时,由于全球工业化进程的发展,环境污染问题日益严重,环境保护和可持续发展成为人们必须考虑的首要问题,从而使半导体光催化材料成为科学家们研究的重点[6-10]。

光催化反应是利用光能进行物质转化的一种方式,是光和物质之间相互作用的多种方式之一,是物质在光和催化剂同时作用下所进行的化学反应。光催化反应与植物的光合作用十分类似,光催化剂类似植物的叶绿素。会产生类似植物中叶绿素光合作用的一系列能量转化过程，把光能转化为化学能而赋予光催化剂表面很强的氧化能力。借助光催化，可以分解几乎所有对人体和环境有害的有机物质及部分无机物质。

有许多化学反应可以借助光催化提高反应速率，并使苛刻的反应条件变为温和的条件。例如，以太阳光为能源，水为氢源，空气为氮源，$Fe_2O_3 - TiO_2$ 为催化剂，常温常压下光催化合成氨的研究引起人们的极大兴趣；太阳能的利用有可能引起合成氨和某些其他合成工业的变革；光催化有可能开辟新的化学反应。光催化的研究也将延伸和推动光化学和催化化学理论的发展。

光催化可分为多相光催化和均相光催化两类。均相光催化主要以 Fe^{2+} 或 Fe^{3+} 及 H_2O_2 为介质，通过光助－芬顿（Photo-Fenton）反应产生 $\cdot OH$ 使污染物得到降解。多相光催化降解就是在污染体系中投加一定量的光敏半导体材料，同时结合一定能量的光辐射，使光敏半导体在光的照射下激发产生电子－空穴对，吸附在半导体上的溶解氧、水分子等与电子－空穴对作用，产生 $\cdot OH$ 等氧化性极强的自由基，再通过与污染物之间的羟基加合、取代、电子转移等使污染物全部或接近全部矿化，最终生成 CO_2，H_2O 及其他无机离子 NO_3^-，PO_4^{3-}，SO_4^{2-}，Cl^- 等。

在光的照射下，通过把光能转化为化学能，促进化合物的合成或使化合物（有机物、无机物）降解的过程称为光催化。纳米半导体因其独特的光催化性质而成为光催化反应中使用最为广泛的催化剂。与传统处理污水的方法相比，光催化反应具有如下优点：

（1）光催化氧化过程是通过化学氧化的方法，把有机污染物完全氧化成水、二氧化碳和无害的无机盐，是对污染物的深度矿化。传统的过滤吸附方法只起到对污染物的转移作用，并不能对污染物彻底根除，且存在滤芯的吸附饱和问题，需要定期更换滤芯。

（2）光催化氧化技术是一种室温环境治理技术，在实际环境温度下，就能将有机物彻底分解，且反应装置简单。而传统的高温焚烧法，装置复杂且能量消耗高，这种处理方法通常会导致燃烧不完全而生成有毒有害的中间产物，从而无法达到环境污染治理的目的。光催化过程中产生大量具有高活性的·OH自由基，其氧化电位为 2.80 eV，与 O_3，H_2O_2，$KMnO_4$，ClO_2，Cl_2 等强氧化剂相比，·OH 的氧化性更强。

（3）光催化反应可直接在太阳光照射下进行，从能源利用角度来讲，这一特征使光催化技术更具有开发的动力和应用的潜力。

（4）光催化氧化技术对有机污染物不具有选择性，应用范围广，几乎能降解任何有机物，且反应速度快。

（5）具有廉价，无毒，稳定，可重复利用的特点。

第二节　半导体光催化化学

在光催化反应中，纳米半导体金属氧化物是被广泛使用的催化剂之一。常用的半导体型金属氧化物有 TiO_2、ZnO、ZrO_2、WO_3 和 CdO，硫化物有 CdS 和 ZnS 等。[11] 这些半导体材料都有一定的光催化氧化活性，但其中 TiO_2 的化学稳定性高，耐腐蚀，氧化还原电位高，光催化反应驱动力大，光催化活性较高，可使一些吸热的化学反应在受光辐射的表面得以实现和加速，加之无毒、成本低，所以成为当前具有一定应用潜力和研究价值的光催化剂[12~14]。

一、纳米 TiO_2 光催化的原理

在紫外光照射的条件下 TiO_2 可以进行氧化还原反应，主要原因是其电子结构为一个满的价带和一个空的导带（半导体能带结构），当入射光的波长大于 387.5 nm，即激发能量达到或超过其带隙能时，电子（e^-）被从价带激发到导带，这时在价带上产生相应的空穴（h^+）。形成的电子和空穴（统称为载流子），在电场力的作用下被分离并迁移到粒子表面，该过程如图 1-1 所示。

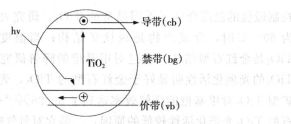

图 1-1　光激发 TiO_2 生成电子—空穴示意图

Fig. 1-1　Diagram for production of electron-hole excited by photo in TiO_2

光生空穴是携带光子能的主要部分，有很强的氧化能力，可与表面吸附的 H_2O 或 OH^- 离子反应形成具有强氧化性的羟基（·OH）自由基（如下方程式所示）。

$$TiO_2 + hv \rightarrow e^- + h^+ \tag{1-1}$$

$$h^+ + H_2O \rightarrow \cdot OH + H^+ \tag{1-2}$$

$$h^+ + OH^- \rightarrow \cdot OH \tag{1-3}$$

光生电子与表面吸附的 O_2 反应，不仅能够形成 $O_2^- \cdot$ 自由基，还是表面·OH 自由基的另一来源，具体反应如下[15]：

$$e^- + O_2 \rightarrow O_2^- \cdot \tag{1-4}$$

$$O_2^- \cdot + H_2O \rightarrow HO_2 \cdot + OH^- \tag{1-5}$$

$$2\,HO_2 \cdot \rightarrow H_2O_2 + O_2 \tag{1-6}$$

$$e^- + H_2O_2 \rightarrow \cdot OH + OH^- \tag{1-7}$$

$$H_2O_2 + O_2^- \rightarrow \cdot OH + OH^- + O_2 \tag{1-8}$$

上面的反应机理方程式中，产生的·OH 自由基是光催化反应的主要氧化剂，对催化氧化起决定性作用。超氧离子自由基（O_2^-·）和 HO_2·自由基也都是氧化性很强的活泼自由基，都能将各种有机物直接氧化为 CO_2 和 H_2O 等无机小分子。

二、影响 TiO_2 光催化活性的物理因素

1. 晶体结构的影响

TiO_2 主要有板钛矿型、锐钛矿型和金红石型三种晶型。研究表明，不同晶型的 TiO_2 光催化活性有较大的差别。谭小伟等通过

控制煅烧的温度合成了不同晶型的 TiO_2，研究表明：当煅烧温度为 600 ℃ 时，合成产物是锐钛矿结构；当温度达到 800 ℃ 时，TiO_2 是金红石型结构。通过对甲基橙的降解研究发现，锐钛矿型 TiO_2 的光催化活性明显好于金红石型的 TiO_2，光照 3 h 后，锐钛矿型 TiO_2 对甲基橙的降解效率达到了 89.96%[16]。研究认为金红石型 TiO_2 光催化活性较低的原因：一是它对氧气吸附能力比较差；二是其比表面积非常小；三是光生电子和空穴容易复合。[17] 而锐钛矿型 TiO_2 因其较大的比表面积（使反应的活性点位较多），对氧气较强的吸附能力，锐钛矿晶格中含有较多的缺陷，能抑制光生载流子的复合，使其表现出较高光催化活性，是目前光催化领域的主要研究对象。

另外，TiO_2 的晶格缺陷和不同的晶面对光催化活性也有影响。根据热力学第三定律，除了在绝对零度，实际的晶体均近似地呈现空间点阵结构，所以在其结构中总存在一种或几种结构上的缺陷。当向晶体中引入某些微量元素时，也可以形成杂质置换缺陷。研究表明，存在适量的缺陷可以提高 TiO_2 催化活性。Salvador 等研究了 H_2O 在金红石型 TiO_2 （001）单晶上的光解过程，发现氧空位形成的缺陷是反应中将 H_2O 氧化为 H_2O_2 过程的活性中心，进而使反应速率常数比在无缺陷的金红石上发生的大 5 倍[18]。但是过多的缺陷也可能成为光生载流子的复合中心，反而降低反应活性。Yamashita 等研究发现，半导体的不同晶面对物质的光催化活性和选择性有很大的差别[19]。

2. 粒径的影响

催化剂粒子的粒径大小是影响其光催化活性的重要因素，TiO_2 晶粒的尺寸与光催化活性有密切的关系。与块体 TiO_2 相比，纳米 TiO_2 具有更高的光催化氧化能力。因为：

（1）表面效应：粒子的粒径越小，比表面积就越大，单位面积的活性点明显增加，提高了光催化氧化效率；

（2）粒子的粒径越小，光生载流子复合的几率就越小，到达表面的电子—空穴就越多。从扩散方程 $\tau = r_0^2/\pi^2 D$（D 为光生载流子在半导体中的扩散系数，r_0 为纳米粒子的半径）[20]可以看出，光生载流子到达表面的时间 τ 与 r_0 的平方成正比，也就是说粒子越小，载流子到达表面的时间越短，在体内复合几率就越小。增大了电子—空穴与反应物接触的机会，提高了光催化活性；

（3）由于 TiO_2 微粒粒径减小，其禁带宽度增大，导带电位变负，价带电位变正，纳米 TiO_2 的氧化还原能力增强；

（4）纳米 TiO_2 的比表面积大，反应接触面积大，有利于对反应物的吸附，提高有机物的降解效率。

但是随着粒径的减小，结晶度会下降，表面会产生很多晶格缺陷，反而使得光生电子和空穴在表面的复合速率加快，导致光催化活性的降低。所以一个高活性的催化剂，在具有大的表面积和高的结晶度之间应该有合适的平衡。

3. 能带的影响

在光照的作用下半导体材料是怎样被激发产生电子和空穴，激发后又是怎样与吸附分子相互作用的，都与半导体材料的能带结构有关。因为半导体的能带位置及被吸附物的相对氧化还原电势，决定了其氧化还原能力及光生载流子的特性，而光生载流子又直接影响其光催化性能。

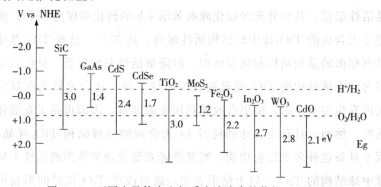

图 1-2　不同半导体在电解质水溶液中的能级（pH=7）

Fig. 1-2　Energy of different semiconductor photocatalysts in aqueous solution

图 1-2 所示的是不同半导体的带隙以及导带、价带的能级 (pH=7)。在这些半导体光催化剂中最常用的是锐钛矿型的 TiO_2,其带隙能为 3.2 eV。Hoffman 等人通过研究发现,表面羟基是光生载流子的捕获剂,载流子在表面羟基处发生电子转移,形成强氧化性的羟基自由基,对光催化反应有利[21]。

4. 形貌的影响

催化剂的光吸收性质是影响其光催化活性的重要因素,而这一性质除了与催化剂自身的晶相结构有关外,还与催化剂的形貌相关。形貌的改变会引起样品粒子尺寸、带隙能及 BET 比表面积的一系列变化,从而极大地影响了入射光的利用率[22]。制备具有不同形貌的材料一般都通过在制备过程中添加表面活性剂、控制反应温度、酸碱度和反应时间等条件,使晶粒朝某一个或几个晶面方向优势生长。Li 等[23]首次报道了采用 $TiOSO_4$ 为 Ti 源,经简单的溶剂热处理,在不同合成时间下,制备了各种形貌的 TiO_2 微球。如图 1-3 所示,TiO_2 微球随溶剂热处理时间的延长,其结构由浓密的实心球变为球中球,最后到空球的过程,同时其表面由平滑变得多刺。选择苯酚为降解的目标分子,经 12 h 合成的 TiO_2 实心球样品活性最低,其紫外光光催化降解苯酚 4 h 的转化率仅为 55%,而经 2 天合成的 TiO_2 球中球结构活性最高,达 93%。这些 TiO_2 微球具有相似的晶相结构和比表面积,但降解活性差异显著。分析其原因为球中球结构的 TiO_2 有着适宜的内球半径,适合紫外光在其空穴内发生多重反射,能更有效地利用光源能量,因而提高了光催化活性。然而,具有实心球和耗时 14 天合成的空球结构 TiO_2 样品,因不具备这种多重反射功能,则紫外光光催化降解苯酚的活性不如球中球结构的 TiO_2。以上结果表明,通过改变 TiO_2 微球的形貌可调控其光催化活性,这对于设计具有更广泛应用的微电子器件等新型材料提供了新思路。

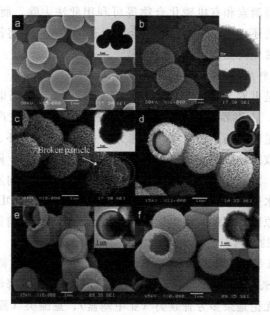

　　(a) 1 h　　(b) 12 h　　(c) 24 h　　(d) 48 h　　(e) 7 d　　(f) 14 d

图 1 - 3　TiO₂ 微球不同合成时间形貌的对比

Fig. 1 - 3　TiO₂ microsphere morphology at different synthesis time

三、TiO₂ 光催化技术在有机废水处理中的应用

　　近十几年来，纳米 TiO₂ 光催化技术给环境保护领域带来了巨大的经济效益、环境效益和社会效益，主要包括净化空气、处理重金属离子废水、处理有机污染废水、抗菌除臭和能源再生等方面的应用[24-29]。用纳米 TiO₂ 半导体的光催化性质来处理废水特别是处理含有少量难溶有机物的废水和改善环境是一种非常有效的处理方法。目前国内外的一些研究表明，TiO₂ 光催化氧化法对水中的烃类、表面活性剂、卤代物、羧酸、染料、含氮有机物和农药等有机污染物具有较高的去除效率，并且可以完全矿化成无机小分子物

质。尤其是难降解或用其他方法难以去除的物质如多氯联苯、多环芳烃、环境激素和有机磷化合物等可利用此法去除，而且 TiO_2 光催化氧化法还可以将水中的无机金属离子沉积出来，将氰化物、亚硝酸盐等转化为无毒形式[30]。

1. 染料废水的处理

我国是世界上染料产量最大的国家，2003 年我国染料产量达 54.2 万吨，占世界染料产量的 55% 左右。在染料的生产和使用中会产生大量碱度高、色度深、臭味大，并残留有含苯环、胺基、偶氮基团等致癌物质的废水，会对环境造成严重的污染。同时染料产品种类多，并正朝着抗光解、抗氧化和抗生物氧化方向发展，从而使染料废水处理难度加大。染料废水因其色度高、COD 值高、成分复杂等原因，很难采用生化方法处理这类废水。目前染料废水治理率仅为 22.5%，达标率约 40%。

Hinda 等研究了在紫外光条件下纳米 TiO_2 光催化降解亚甲基蓝、茜素 S、甲基红、刚果红和藏花橙 G 五种染料的降解行为。结果表明，无论是杂多芳香族类（亚甲基蓝）、蒽醌类（茜素 S），还是偶氮类（甲基红、刚果红、藏花橙 G）都能够迅速脱色[31]。Stylidi 等人采用纳米 TiO_2，在氙弧光光源的照射下降解偶氮染料酸性橙 7，研究发现酸性橙 7 在光照 25 h 后实现了完全矿化，全部转化为 CO_2 和无机盐类[32]。

2. 有机农药废水的处理

农药分为除草剂和杀虫剂两大类，它们大都是有机磷、有机氯及含氮化合物。虽然农药在水中含量较低，但它们在大气、土壤和水体中停留时间长，对环境和人体危害较大，因此关于农药废水处理技术的研究备受人们的关注。由于农药大都具有生物毒性，常规的处理方法很难去除。各国研究人员通过多年的研究发现，绝大部分的有机农药都可以通过光催化过程实现有效降解，并且不会产生毒性更高的中间产物，这是其他方法无法媲美的。

Carole 等通过对 4－硝基苯基异丙基苯基亚膦酸酯（4－

NPIPP)、4-硝基苯基乙基苯基亚膦酸酯（4-NPEPP）、马拉硫磷、对氯磷和对硫磷五种有机磷农药的光催化降解过程的研究发现，经过 5-10 h 的光催化反应，有机磷农药完全降解成 CO_2 和相应的无机酸[33]。陈士夫等人研究了 TiO_2 光催化降解久效磷农药的机理，提出在 TiO_2 表面存在 $Ti^{IV}-OH^-$ 和 Ti^{III} 两种活性位，久效磷农药吸附在前者活性位上，氧气则吸附在后者活性位上。久效磷农药可以通过氢键和表面羟基相连，也可以通过 $P=O-Ti$ 键相连。当紫外光照射 TiO_2 表面时，形成·OH 自由基，·OH 的强氧化能力足以使 $P-O$ 键断裂，生成三甲基磷酸酯甲酰胺、甲酸和乙酸等，这些中间产物继续降解直至形成 CO_2、H_2O、PO_4^{3-}、NO^- 及一些无机酸[34]。

3. 表面活性剂废水的处理

在环境化学品中表面活性剂占有重要的地位，被广泛应用于农业、纺织、食品、化妆品、石油等领域。由于表面活性剂产量的逐年增加，大量的使用和排放使其对土壤和水体环境造成了严重的污染。大多数表面活性剂不但难于自然光解和生物降解，还会产生有毒的难溶中间体，而采用 TiO_2 光催化技术可以将其有效降解。

温淑瑶等[35]以十二烷基苯磺酸钠（SDBS）为模型污染物，考察了在不同实验条件下 TiO_2-膨润土对 SDBS 的光催化降解率。研究发现，模拟 SDBS 废水（20 mg/L，pH=6）在日光下的最佳降解率为 90.7%。Liao 等[36]利用 TiO_2 分别对阴离子、阳离子和两性三种表面活性剂，即十二烷基磺酸钠（SDS）、十六烷基三甲基溴化铵（CTAB）、十八烷基甜菜碱（BS18）进行了光催化降解。结果表明，三种表面活性剂因其分子结构、$C-C$、$C-N$、$C-O$、$C-S$ 的键能及吸附性的不同，反应速率也存在差异，降解速率顺序为：SDS<CTAB<BS18。

4. 含油废水的处理

石油工业废水的大量排放和石油泄漏是含油废水的主要来源。处理这种不溶于水且浮于水表面的油类，成为近年来人们研究关注的重点。人们利用黏附、浸涂、偶联等方法将 TiO_2 负载于陶瓷微球、玻璃微球及硅铝微球等轻质载体上，使 TiO_2 浮于含油废水上与油类接触，达到降解去除的目的。

杨涛等[37]以陶瓷管为基膜，TiO_2 粉体为涂抹剂合成了预涂动态膜，用其对乳化油废水进行处理。结果表明，乳化石油通过预涂动态膜处理后，其渗透液的含油量小于 10 ppm，已达到排放标准。张亚文[38]利用过渡金属掺杂改性 TiO_2 并联合聚合硫酸铁（PFS）絮凝技术，对含阴离子聚丙烯酰胺（HPAM）的油田污水进行降解研究。结果发现，油田污水中的油和悬浮物在最佳实验条件下反应 40 min，其去除率均达到 95% 左右，达到了油田回注标准。

5. 含其他有机物废水的处理

废水中还含有酚类、苯及其衍生物、多环芳烃、卤代烃等有机化合物，它们的化学性质稳定，采用常规的生化和氧化法不易去除，而采用 TiO_2 光催化技术不仅可将其有效去除，而且可使之完全矿化为无机小分子。

Xu 等[39]在低温条件下制备了具有可见光催化活性的 Bi_2O_3/TiO_2 复合材料，用其光催化降解 4-氯酚。结果表明，Bi_2O_3/TiO_2 对 4-氯酚的光催化降解率为 78.6%。鞠贵仁[40]以苯胺废水为目标降解物，利用稀土元素共掺杂改性 TiO_2 对其进行光催化降解。研究表明，紫外光下降解 2 h 后，各种改性 TiO_2 复合材料对苯胺废水的光催化降解率均高达 90% 以上。陆伟[41]利用固定化 TiO_2 陶瓷球对多环芳烃菲进行了光催化降解研究。结果发现，TiO_2 陶瓷球重复使用 8 次后对菲的降解率仍达到 70% 以上，且最终可将其完全矿化。

四、纳米 TiO_2 光催化剂存在的主要问题

尽管纳米 TiO_2 光催化剂在环境治理中具有许多优势，但在实际应用过程中还存在许多问题。

1. 量子效率低

　　光催化反应的量子效率低约为 4%，最高不超过 10%，是其难以工业化的最关键因素之一。光催化反应的量子效率主要取决于光生载流子的复合几率。光激发过程产生光生电子和光生空穴的经历如图 1-4。[42] 图中途径 a 和 b 是光生电子和空穴的复合过程，途径 c 和 d 是电子给体或电子受体物质俘获光激发过程产生的光生载流子之后发生氧化还原反应的过程，由此可知光生载流子的俘获过程和表面电荷迁移过程是光催化氧化反应发生的关键。如果增加载流子的俘获或提高表面电荷迁移速率就可以有效抑制光生电子与空穴的复合，从而提高光催化反应的量子效率。

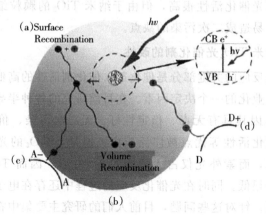

（a）表面复合　（b）体内复合
（c）光生电子迁移到半导体表面的还原反应
（d）光生空穴迁移到半导体表面的氧化反应
图 1-4　半导体的光激发与失活过程
Fig. 1-4　Processes of excitation and deactivation for the semiconductor

2. 可见光利用率低

　　目前光催化氧化法常用的光源主要有高压汞灯、中压汞灯、黑光灯、紫外线杀菌灯等，能耗十分大，在实际应用中运行费用很高，这也是光催化氧化法尚未实现工业化的主要原因之一。因此现在的研究重点是提高催化剂对太阳光的利用率，如果用清洁经济的太阳光代替上述人造光源，那也就意味着离实现光催化氧化技术产业化的距离不远了。锐钛矿 TiO_2 的带隙能为 3.2 eV，因此只有波长小于 387 nm 的太阳光才能被吸收，而这段波长范围的紫外线只占太阳光能的 4%～6%，太阳光能量密度最大部分却在 400～600 nm 区域，因此对太阳能的利用率较低。由于纳米 TiO_2 对可见光的响应差，使其环境污染方面的应用受到很大限制。

3. 回收困难

用于纳米 TiO_2 光催化降解水中污染物的体系，主要是悬浮体系。虽然其光催化活性很高，但由于纳米 TiO_2 的颗粒细小，存在回收困难、易造成二次污染的缺点。

五、纳米 TiO_2 光催化剂的改性

光催化反应的关键部分是催化剂，催化剂活性的高低是该技术能否实现工业化的一个决定因素。在目前研究的各种半导体光催化剂中，TiO_2 因其具有无毒、稳定性好、无二次污染、价格便宜和较高的光催化活性等优点被广泛应用。但是，TiO_2 的光吸收仅限于紫外光区，而紫外光仅占太阳光的 4%左右，因而 TiO_2 对太阳光的利用率很低。同时在光催化反应的过程中还存在电子－空穴的复合等问题。针对这些问题，目前人们的研究主要集中在通过改性来提高可见光的利用率和减少电子－空穴对的复合概率。[43]

1. 掺杂过渡金属离子

过渡金属离子掺杂是 TiO_2 表面改性的一个研究热点。过渡金属掺杂改善 TiO_2 半导体的光催化活性的原因主要有：

（1）由于过渡金属离子存在多种化合价，它们的引入可以成为电子或空穴的陷阱，形成捕获中心。对于价态高于 Ti^{4+} 的金属离子可以捕获电子，低于 Ti^{4+} 的金属离子可以捕获空穴，进而抑制光生载流子的复合，提高光催化活性；

(2) 由于过渡金属离子往往具有比 TiO_2 更宽的光吸收范围，当将过渡金属离子掺入 TiO_2 中会形成掺杂能级，使得能量较小的光子也能激发 TiO_2 产生光生载流子，提高可见光的利用率；

(3) 过渡金属离子掺杂可增加光生载流子的扩散长度，即增加电子－空穴的寿命，进而减少电子－空穴的复合几率，提高光量子效率；

(4) 过渡金属离子掺杂可以形成晶格缺陷，而存在适量的缺陷可以提高 TiO_2 的催化活性。

目前常用于 TiO_2 改性的过渡金属有锰、锌、铁、镍、锆、钒、锑等。Mitsunobu 等采用乙醛作为模型污染物，研究了钴掺杂的纳米 TiO_2 催化剂的光催化活性。研究表明：钴的掺杂量为 3% 时，乙醛在可见光（$\lambda > 400$ nm）照射 3 h 后，降解率可以达到 50% 左右。[44] 管晶等合成的钒掺杂纳米 TiO_2 光催化剂表现出较高的可见光催化效率。研究表明：由于 V^{5+} 取代二氧化钛晶格中的 Ti^{4+}，在导带下部形成由金属离子和氧缺陷产生的新的杂质能级，导致带隙能变窄，光响应发生红移，掺钒量为 1% 的催化剂光催化活性最高。[45] 同时很多研究人员发现，当过渡金属掺杂量过大时，催化剂的活性却降低，这是由于原来电子的捕获中心又变成了新的电子－空穴复合中心，从而降低了光催化活性。

2. 稀土离子掺杂

由于稀土元素具有独特的光电及化学特性、独特的 $4f$ 电子结构和可变价态，从 20 世纪 90 年代开始，关于用稀土元素改性 TiO_2 的报道越来越多。稀土掺杂提高 TiO_2 光催化性能的原因可能是：

(1) 在光催化反应中，锐钛矿相的 TiO_2 具有较高的催化活性。稀土掺杂可有效地阻止 TiO_2 由锐钛矿相向金红石相转变，提高锐钛矿相的热稳定性，同时还可抑制离子的团聚以增加 TiO_2 的比表面积，从而提高了 TiO_2 的光催化活性；

(2) 少量稀土掺杂到 TiO_2 晶格中会导致 Ti^{3+} 的形成，产生氧缺陷，而氧缺陷和 Ti^{3+} 均有利于电子—空穴的分离，从而提高 TiO_2 的光催化活性；

（3）稀土离子的半径远大于 Ti^{4+} 的半径，两者离子半径不同会使晶体结构发生畸变，当掺入稀土离子后，TiO_2 的晶格发生膨胀，晶胞体积增大，产生晶格畸变，从而引起晶格禁带宽度的变化（如图 1 - 5），如果禁带宽度因畸变变窄，就会使 TiO_2 的光吸收范围向可见光方向移动，因而增强了 TiO_2 在可见光下的光催化效果；

（4）稀土元素具有的 $4f$ 轨道能够与酸、醛和醇等路易斯碱形成络合物，也就是说提高了催化剂吸附污染物的能力。污染物在催化剂上的吸附是光催化反应的第一步，因此可以提高光催化反应的效率。

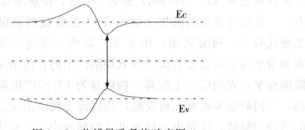

图 1 - 5　位错导致晶格畸变图

Fig. 1 - 5　Diagram of dislocation induced lattice distortion

常用于改性的稀土元素有镧、铈、铕、铒、镓等。张雪红，唐星华在室温、中性条件下以氯化十六烷基吡啶（$C_{16}PyCl$）为模板剂，合成了 CeO_2 掺杂的介孔 TiO_2 光催化剂，并通过浸渍的方法在 CeO_2/TiO_2 复合材料上负载活性组分 Ru。结果表明：Ce 的引入能稳定复合材料的介孔结构，Ru 和 CeO_2 之间存在协同效应，Ru/m $-TiO_2-CeO_2$ 分解甲醇的催化活性明显高于 Ru/m $-TiO_2$。[46] 周武艺等以钛酸丁酯为钛源，采用溶胶—凝胶法分别制备了 Dy_2O_3、CeO_2 和 Gd_2O_3 掺杂的 TiO_2 光催化剂。研究了 $Dy_2O_3-TiO_2$、CeO_2 $-TiO_2$ 和 $Gd_2O_3-TiO_2$ 对染料甲基橙和亚甲基蓝的降解情况，研究发现：不同稀土氧化物掺杂的纳米 TiO_2 光催化剂，降解甲基橙和亚甲基蓝的活性不同。$Gd_2O_3-TiO_2$ 的复合材料对甲基橙的降解效率较高，CeO_2-TiO_2 的复合材料对亚甲基蓝具有较好的降解活性。[47] Li 等研究了稀土 Eu^{3+}、Pr^{3+}、Gd^{3+}、Nd^{3+} 和 Y^{3+} 掺杂 TiO_2 降解聚丙烯酰胺的过程。结果表明：Eu^{3+}、Pr^{3+}、Gd^{3+} 在 TiO_2 中掺杂量为 2.4 wt%时，光催化剂活性最高。[48]

但稀土金属离子掺杂改性的 TiO_2 往往对热不稳定，过多的掺杂量反而容易产生电子和空穴复合中心，在一定程度上降低光的利用率，因此探索新的掺杂改性手段是非常必要的。

3. 贵金属沉积

为了提高 TiO_2 的光催化活性，常常采用贵金属沉积的方法对 TiO_2 进行改性。由于贵金属与 TiO_2 半导体具有不同的费米能级，当适量的贵金属沉积在 TiO_2 表面后，TiO_2 内部产生的光生电子—空穴对将会重新分布，光生电子就会不断地从 TiO_2 转移至贵金属，直到两者的费米能级相同时为止。这时在贵金属表面将有更多的负电荷，而 TiO_2 表面形成更多的正电荷，进而形成 Schottky 势垒。Schottky 势垒成为俘获光生电子的有效陷阱，从而抑制了电子和空穴的复合。也有一些学者认为贵金属掺杂 TiO_2 诱发可见光光催化活性[49,50]，这是因为贵金属具有表面等离子体共振效应（Surface Plasmon Resonance，缩写SPR）。所谓表面等离子体共振效应是指贵金属掺杂的 TiO_2 能被可见光活化，通过增强贵金属粒子周围的电场而增加表面电子的激发，并且有效抑制光生电子和空穴的复合，从而达到活性提高的目的。而且贵金属修饰的 TiO_2，可能在其禁带内产生杂质或缺陷能级而使 TiO_2 的光吸收红移。

目前研究较多的几种贵金属元素为Pt、Rh、Au、Ag、Ru 等，其制备的主要方法有浸渍法还原、光还原法及溶胶—凝胶法等。Wang 等人研究发现，将 Pd 沉积在 TiO_2 表面之后，溶液中的溶解氧能迅速捕获光生电子，产生 O_2^- 自由基，从而提高了 TiO_2 的催化活性。[51] 目前的研究发现 TiO_2 中掺杂 Ag 能提高可见光催化效果[52]；Pt 掺杂[53] 和 Pb 掺杂[54] 纳米 TiO_2 也具有较高的光催化活性。

4. 非金属元素掺杂

有关非金属元素掺杂 TiO_2 的研究起步较晚，但目前已有工业化产品出现。常用的非金属元素掺杂为 N、S、F、C、P 等。研究发现非金属元素掺杂 TiO_2 具有可见光活性的原因主要是：进入 TiO_2 晶格中的非金属元素会引入氧空位，或取代部分氧空位，与 TiO_2 晶格重新组合形成 $TiO_{2-x}A_x$（A 为非金属元素）晶体，在价带上部产生掺杂能级，使 TiO_2 禁带宽度变窄，吸收波长向可见光方向移动，光催化活性得到提高。Asahi 等研究发现掺氮的 TiO_2 光催化剂不仅在紫外光区表现出较高的活性，在可见光区也具有较好的活性，而且光催化剂的稳定性好，在可见光的照射下可以分解乙胺离子。[55]Khan 采用金属钛片燃烧的方法制备了碳掺杂 TiO_2，催化剂 C/TiO_2 对大于 400 nm 波长的可见光产生了较大的吸收，使水在可见光的照射下发生裂解。[56]Nukumizu Kohto 等制备了 N 和 F 共掺杂的 TiO_2，其光响应波长最大可达到 570 nm。[57]日本学者 Ihara 等人合成出掺杂 N 元素的 TiO_2 晶体，选用 $Ti(SO_4)_2$ 为前驱体，与氨水混合之后水解，将水解产物在 400 ℃煅烧，得到化学组成为 $TiO_{2-x}N_x$ 的晶体，结果表明掺杂 N 元素之后催化剂的光吸收波长范围为 400～550 nm，在可见光范围内，分析其晶体结构发现，与锐钛矿 TiO_2 相比，掺杂 N 元素之后催化剂晶格中生成很多氧空位，同时晶格中生成的部分氧空位被 N 元素所取代。[58]

5. 复合半导体

科研人员对制备复合半导体光催化剂开展了大量研究工作，取得了较好的效果。目前研制的催化剂主要有半导体－ TiO_2 复合材料和绝缘体－ TiO_2 复合材料两种。在二元复合的半导体中，由于半导体和 TiO_2 之间存在能级差，能够有效地控制电子和空穴复合，从而提高光催化活性。同时当 TiO_2 与能带较窄的半导体复合时能吸收波长较长的光，使催化剂的吸收光谱红移，提高可见光的利用率。图 1-6 所示的是复合 TiO_2 电荷分离示意图。[59]

从图中可以看出，由于 TiO_2 的导带电势较低，光生电子会迁移到电势较高的半导体导带中，空穴则迁移到 TiO_2 的价带上，这就使光生载流子得到有效分离，提高了光催化活性。如：TiO_2 与禁带宽度较窄的 CdS 复合后，当大于 387 nm 的入射光照射到 CdS/TiO_2 复合材料时，入射光的能量只能激发 CdS 并产生光生载流子，光生电子被转移到 TiO_2 导带，剩下的空穴停留于 CdS 价带，有效地分离了电子和空穴。CdS/TiO_2 复合材料的激发波长延伸到了可见光区。[59] 国内外已经大量报道的还有：PbS/TiO_2[59]、$CdSe/TiO_2$[60]、ZnO/TiO_2[61]、SnO_2/TiO_2[62]、WO_3/TiO_2[63] 等二元半导体复合催化剂，这些复合半导体的光催化活性均高于单个半导体的活性。施利毅等人研究了 SnO_2-TiO_2 复合材料光催化降解活性艳红 X-3B 的效率，结果表明：SnO_2-TiO_2 的光催化活性大于 Degussa P_{25}，并且 SnO_2 有一个最佳掺杂量。[64]

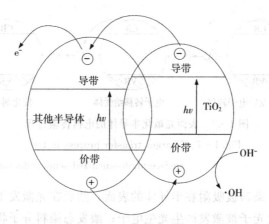

图 1-6　复合 TiO_2 电荷分离示意图

Fig. 1-6　Charge separation schematic drawing of complex TiO_2

绝缘体与 TiO_2 复合时，大多起载体的作用。通过改变绝缘体 $-TiO_2$ 复合材料的粒径、比表面积、表面状态（如形成氧缺位等）

来提高催化剂的活性。常用的绝缘体有 Al_2O_3[65]、SiO_2[66-68]、ZrO_2[69]等。有时也将绝缘体掺杂到 TiO_2 半导体中，Cheng 等制备了 SiO_2—TiO_2 粉体，研究表明：掺杂 30% 的 SiO_2 时，复合材料的光催化活性最高，由于 SiO_2 的掺杂，在催化剂的表面形成了氧缺位[70]。

复合半导体材料的优点：通过改变复合材料粒径的大小，较容易地调节半导体复合材料带隙的宽窄和吸收光谱的范围；通过改变粒子表面的性质，增强复合半导体的光稳定性；由于复合半导体粒子的光吸收呈带边型，因此有利于对太阳光的吸收。[71]

6. TiO_2 的光敏化

TiO_2 表面的光敏化作用是将光活性化合物（如联吡啶钌）通过物理或化学作用吸附在半导体表面，在可见光下这些物质即可被激发产生光生电子。敏化剂对半导体的激发、电荷转移和敏化剂再生过程如图 1-7 所示。

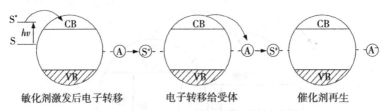

敏化剂激发后电子转移　　电子转移给受体　　催化剂再生

图 1-7　表面光敏化半导体的电荷传输过程

Fig. 1-7　Charges transfer process in the
surface-photosensitized semiconductor

首先，染料被吸附在半导体的表面；然后在光激发下吸附态染料分子吸收光子被激发产生光生电子；激发态染料分子将电子注入到半导体的导带，再将电子转移到表面吸附的氧分子上产生活性氧物种，它可用于降解有机物，也可提供氧化还原电子使敏化剂再生。由此看出光敏化过程扩大了半导体激发波长的范围，可以利用更多的太阳光。常用的光敏化剂有腐殖酸、硫堇、联吡啶钌、酞花氰、叶绿酸、曙红 Y[72]等，其中钌系染料因其可见光利用率高、稳定性好而被广泛研究。这些光活性物质在可见光下有较大的激发因子，也就是说活性物质在可见光的照射下就可以产生光生电子，只要其激发态电势比 TiO_2 导带电势更负，就可能将光生电子输送到 TiO_2 的导带，从而扩大激发波长范围，提高光催化活性。

7. 共掺杂

目前国内外的研究主要是通过单金属元素和非金属掺杂改变 TiO_2 的光催化活性，而对双元素共掺杂研究较少。而多数离子通常只具备一方面的性能，如 La^{3+} 的掺杂有效地抑制电子 - 空穴对的复合[73]；氮掺杂的 TiO_2 可以有效吸收可见光进行光催化反应[55]。

最新研究表明，采用同种离子共掺杂或阴、阳离子共掺杂等[74,75]方法可以进一步扩大 TiO_2 光催化剂的光吸收范围并提高其光催化活性。例如，刘国光等用铁酸锌掺杂的 TiO_2，在紫外光的照射下光催化降解染料罗丹明 B，光催化活性明显好于金属锌、铁单掺杂的 TiO_2。[76]Guo 等人采用溶胶 - 凝胶共浓缩和溶剂热处理方法制备了 $Ag/In_2O_3-TiO_2$ 三元纳米复合材料，以染料罗丹明 B 和汽油添加剂甲基叔丁基醚为模型污染物研究了该三元催化剂的活性。结果表明：$Ag/In_2O_3-TiO_2$ 三元体系对罗丹明 B 和甲基叔丁基醚的降解效率明显高于 Ag/TiO_2、In_2O_3/TiO_2、纯 TiO_2 以及 P25。Guo 等人认为金属 Ag 较强的电子捕获能力和 In_2O_3 有效的窄化带隙能对提高 $Ag/In_2O_3-TiO_2$ 三元复合材料光催化活性起主要作用。[77]Tian 等人采用一种简单的湿化学方法制备了 $Au/N-TiO_2$ 三元催化剂，研究表明：Au 元素以单质 Au 的形式掺入到 TiO_2 的表面，氮元素进入到 TiO_2 的网络中。$Au/N-TiO_2$ 复合材料的可见光催化活性明显高于单元素掺杂的 Au/TiO_2 和 N/TiO_2。[78]

综上所述，三元复合光催化剂的光催化活性明显高于二元催化剂，这主要是由于二元掺杂的协同效应。通过两种或多种离子对 TiO_2 等半导体进行共掺杂，同时实现抑制电子 - 空穴对的复合和拓宽光谱吸收范围，从而提高光催化活性。

六、微孔－介孔材料的性能

按照国际纯粹和应用化学联合会（IUPAC，International Union of Applied Chemistry）的定义，多孔材料根据孔径的大小分为微孔材料（micropore，孔径 < 2 nm）；介孔材料（mesoporous，孔径 2~50 nm）和大孔材料（macropore，孔径 > 50 nm）。由于大孔材料的孔径过大，因而不具备微孔、介孔材料的一些特性。

微孔分子筛长期以来在环境保护方面发挥着独特的作用，例如微孔分子筛是一种良好的吸附剂和气体净化剂。但是微孔分子筛的孔径非常小，一些大分子很难进入孔道内，再者孔道内形成的大分子不能快速逸出，常常导致副反应的发生，[79]所以限制了它的应用。1995 年，Ying 和 Antonelli 第一次用溶胶－凝胶的方法合成了介孔 TiO_2。与非孔性纳米二氧化钛材料相比，由于具有较大的比表面积，发达有序的孔结构，表面易于改性等特点，克服了非孔性纳米 TiO_2 容易团聚、吸附性能低和不易掺杂等弱点。[80]但是介孔材料的孔径比较单一，处理复杂组分时受到限制，而且介孔材料的孔壁比较薄，热稳定性较差，高温时容易坍塌。

目前国际上对微孔－介孔复合材料的研究比较少，自从 1996 年 Kloetsta 等人首次合成了 MCM－41/FAU 微孔－介孔复合材料[81]，才开创了该领域的先河。由于微孔－介孔复合材料具有两类不同的孔径，两类孔优势互补、协同作用，可避免单一孔结构的缺陷。因此该类材料在处理组分复杂、分子粒径不同的污染物时，显示出优势。

黄少云等人采用微孔－介孔分子筛 MCM－41/ZSM－3 为吸附剂，研究了其对水中重金属吸附行为。结果表明 MCM－41/ZSM－3 分子筛对 Cu^{2+}、Zn^{2+}、Cd^{2+} 和 Pb^{2+} 四种离子均显示良好的吸附性能。[82]Li 等人在 200 ℃ 的条件下制备了 $H_3PW_{12}O_{40}/TiO_2$

和 $H_6P_2W_{18}O_{62}/TiO_2$ 微孔－介孔复合材料，该材料的平均微孔孔径和介孔孔径分别为 0.6 nm 和 4.0 nm。以有机氯杀虫剂 HCB 为模型污染物研究其光催化活性，结果表明：微孔－介孔复合材料具有较高的光催化活性。同时提出复合材料光催化活性高的原因有两个：一是多金属氧酸盐与锐钛矿 TiO_2 之间的协同作用；二是孔材料独特的物理和化学特性。[83]

具有孔道结构的 TiO_2 光催化降解有机物效率优于非孔性纳米 TiO_2 的原因是：

（1）孔道结构的比表面积较大，提高了催化剂与有机分子接触几率，增加了催化反应的活性点位，同时提高了表面吸附水和羟基的能力。水和羟基可与 TiO_2 表面的光生空穴反应生成羟基自由基，羟基自由基是强氧化剂；

（2）孔道结构的存在使催化反应体系中的底物、产物有较快的扩散速度；

（3）微孔、介孔 TiO_2 纳米晶与孔道结构构筑成微米级的聚集体，既具有较高的光催化活性又易于过滤，提高了光催化剂的再生与回收效率；

（4）孔道结构的 TiO_2 作为良好的宿主材料，可以在其孔道内复合异质组分，为合成新型的具有较高光催化性能的功能性复合体材料提供了可能性。

第三节 多金属氧酸盐光催化化学

一、多金属氧酸盐概述

1826 年 Berzerius 成功合成了第一个杂多酸——12－钼磷酸铵 $(NH_4)_3PMoO_{40}n \cdot H_2O$，距今已有 180 多年的历史了。但是，在 20 世纪 70 年代以前，多酸的研究几乎处于停顿状态，仅有不到 15 种多金属氧酸盐（多酸，polyoxometalate，以下用 POM 表示）的结构被确定，[84]而在这之后的 40 年时间里，伴随着现代分析测试技术的不断涌现，使表征 POM 的手段由原来的化学分析逐步被仪器分析所取代，新结构的 POM 不断被合成，而功能性多酸材料的出现以及它们在催化、环保、药物、材料及能源科学的应用报道也层出不穷，总之多酸化学正进入一个新的历程。

同多酸和杂多酸是多酸化学的两大组成部分。由同种含氧酸根阴离子缩合而成的称为同多阴离子（MoO_4^{2-}、MoO_{24}^{6-}、$W_{10}O_{32}^{4-}$），其酸称为同多酸。由不同种类的含氧酸根阴离子缩合而成的称为杂多阴离子，如 $PW_{12}O_{40}^{3-}$，其酸称为杂多酸（HPA）。其中多阴离子（polyoxoanion）又可称为多金属氧酸盐。

杂多酸是由杂原子和配原子按一定的结构，通过氧原子配位桥联组成的一类含氧多酸。其中配原子主要有 V、Nb、Ta、Mo 和 W 等元素，而目前已知的有近 70 余种元素可作为 POM 的杂原子，包括全部的第一系列过渡元素，几乎全部的第二、第三系列过渡元素，再加上 B、Al、Ga、Si、Ge、Sn、P、As、Sb、Bi、Se、Te 和 I 等元素。同时，每种杂原子又往往可以以不同价态存在于杂多阴离子中，所以种类繁多。[84]

1. 多金属氧酸盐的结构特点

虽然多酸的种类繁多，但它们均具有以下三大特点：

（1）杂原子与配原子的比值大多为定值；

（2）杂多阴离子中的杂原子的结构类型，大多呈四面体（如 Keggin 阴离子）、八面体（如 Anderson 阴离子）和二十面体型（如 $[XM_{12}O_{42}]^{(12-n)-}$ 阴离子）三大类；

（3）配原子一般呈八面体配位，形成边-角相连的金属-氧簇八面体 MO_6，每三个八面体共边相连组成一个三金属簇（M_3O_{13}），而三金属簇之间共角相连，并通过与杂原子组成的中心四面体、八面体或二十面体共角相连而环绕着杂原子组成的中心多面体。[84]

固态多酸是由杂多阴离子、反荷离子（或称抗衡离子包括质子、金属离子及其他有机阳离子）和结晶水组成。其中，多阴离子被称为杂多酸（盐）的一级结构，可以表示出多酸的组成元素和个数，以及它们之间结合方式的骨架结构；其二级结构是指多阴离子与反荷离子组合得到的多酸及其盐的晶体结构，反荷阳离子的电荷、半径、电负性不同，杂原子、配原子种类、个数的不同直接影响杂多酸（盐）的催化性和选择性。以钨磷酸为例：

$$H_3PW_{12}O_{40} \cdot nH_2O$$

反荷离子———┘ │ └———配原子

杂原子 结晶水

按杂原子与配位原子的个数比可把杂多酸（盐）分为 5 类：Keggin 型（杂原子与配原子的个数比为 1：12）、Dawson 型（杂原子与配原子个数比为 2：18）、Waugh 型（杂原子与配原子个数比为 1：9）、Anderson 型、Silverton 型。其中最为常见的是Keggin 结构，其通式可表示为 $[XM_{12}O_{40}]^{n-}$（X＝P、Si、Ge 和As 等，M＝Mo 或 W）。在 Keggin 结构中，四面体的 XO_4 位于分子结构的中心，相互共用角氧和边氧的 12 个八面体 MO_6 包围着XO_4（图 1 - 8）。该结构具有高对称性、热稳定性和耐强酸等特性在多酸材料中最受关注。

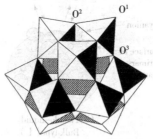

图 1 - 8 $XM_{12}O_{40}^{x-8}$（α-isomer）阴离子的 Keggin 结构

Fig. 1 - 8 The Keggin structure of $XM_{12}O_{40}^{x-8}$（α-isomer）anion

2. 多金属氧酸盐的性质

（1）多金属氧酸盐的酸性：多金属氧酸盐具有质子酸的性质，

是强酸。由于多酸阴离子体积大，对称性好，电荷密度低的缘故，其表现出的酸性比传统的无机含氧酸（硫酸、硝酸、磷酸等）更强。

　　(2) 多金属氧酸盐的氧化性：多金属氧酸盐具有中等强度的氧化催化能力。在杂多化合物（HPC）中配位原子一般以最高氧化态存在，可以获得 1～6 个电子，且本身的阴离子结构不被破坏，因此具有氧化性，常作为氧化性催化剂。

　　(3) "假液相"性：假液相模型的基本观点是体相内杂多阴离子间具有一定空隙，反应分子可吸收到体相内部，伴随这种吸收，杂多化合物从坚硬的固体向类似浓溶液那样的柔软结构变化。在体相内，反应分子的扩散，阴离子的重新排列，使反应类似于在溶液中进行一样，即相当于固体与溶液之间的一种浓溶液，被称为假液相。

　　(4) 多金属氧酸盐的催化性：POM 在催化领域的应用主要有两个方面，一是酸催化，二是氧化还原催化。杂多酸作为一种质子酸，Hammet 酸度值显示为超强酸，因此表现出比无机酸（如 HNO_3、H_2SO_4）更高的催化活性。[84]

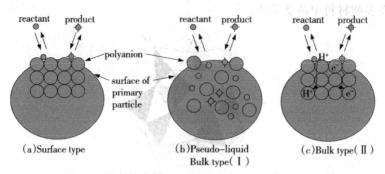

图 1-9　固体多酸三种催化模型

Fig. 1-9　The three catalysis modes of solidpolyoxometalate

　　图 1-9 所示的是 Misono 教授提出的固体 POM 的三种催化作

用模型:[85]其中（a）为表面型反应，是所有固体催化剂的共有特性；（b）为假液相反应（体相型Ⅰ），即反应物分子可以进入催化剂体相内部并发生反应，（c）为体相型Ⅱ反应，反应物分子虽然不能直接进入体相内部，但通过氧化还原载体（e^-和H^+）的扩散可以与体相内部发生作用。体相型Ⅰ和体相型Ⅱ两种催化作用模型是固体POM催化剂固有特征，该模型是近年POM催化科学研究领域中的重要成就之一，已被众多催化学者广泛接受。

POM除了具有优异酸催化活性，还表现出强氧化性，可以不连续地获得多个电子，在氧化还原催化反应中具有重要意义。POM被氧化后形成的还原态极易被O_2等可逆地氧化到氧化态并保持其结构骨架不变。因此POM被广泛用于均相及多相氧化还原催化反应中。

二、多金属氧酸盐光催化的原理

1. 基本原理

目前，人们对多金属氧酸盐的氧化催化和酸催化性能的研究很多，而对POM的光化学和光催化行为的研究较少。直到20世纪80年代初期才开始研究POM的光催化化学行为。POM所以可以成为光催化剂是由于POM具有类似于半导体金属氧化物（如TiO_2）的独特结构，主要体现在两个方面：

（1）在多金属氧酸盐的结构内，存在一个类似于半导体金属氧化物结构中能带和导带之间的禁带如图1-10所示。[86]在紫外光的照射下，POM中的M—O—M（M＝W，Mo）桥键上的O2p上的电子向过渡金属M5d空轨道跃迁，即O→M的荷移跃迁，即最高充满电子的分子轨道（HOMO）到最低空的分子轨道（LUMO）的跃迁带或者氧到金属的电子跃迁带。由于POM与半导体的光激发过程相似，因此把跃迁到M5d轨道上的电子看作光生电子，相应的O2p轨道上的空轨道可看作光生空穴，见方程1-9，形成电子-空穴对，在电场的作用下迁移到粒子表面。

$$POM + hv \rightarrow POM^* \leftrightarrow POM\,(e^- + h^+) \qquad (1-9)$$

其中，POM*代表激发态的 POM。这与 TiO₂ 半导体光催化剂接受光辐射的过程非常相似：

$$TiO_2 + hv \rightarrow TiO_2^* \leftrightarrow TiO_2 \ (e^- + h^+) \qquad (1-10)$$

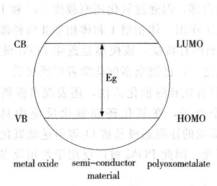

图 1 - 10　半导体与多酸价带结构对比图

Fig. 1 - 10　Comparision between semi-conductions and polyoxometalates

（2）多金属氧酸盐和半导体被光激发后形成的激发态具有相似的氧化还原特性。对于 Keggin 型杂多酸被激发后，其激发态的氧化还原电位为 2.63 eV，而激发态 TiO₂ 的氧化还原电位为 2.62 eV[87]，显然 POM 和 TiO₂ 一样具有很强的氧化能力。所以，很多只有在苛刻条件下或热力学上难以进行的有机化学反应，在杂多酸为催化剂时，却可以在温和的实验条件下顺利进行。

图 1 - 11 所示的是 POM 和半导体催化剂的光催化反应循环示意图[88]。以 POM 为例介绍一下光催化反应的循环过程：

（ⅰ）POM 的光吸收过程：

基态 POM 吸收高于其 HOMO－LUMO 能级差的光能后，生成 POM*，该过程是 POM 的活化过程，见方程（1－9）。

（ⅱ）有机物的光氧化过程：

$$POM^* + Org. \rightarrow POM_{red} + Org. \ (oxid.)$$
$$\rightarrow POM_{red} + CO_2 + H_2O + inorg. \ anions \quad (1-11)$$

或

$$POM^* + H_2O \rightarrow POM_{red} + \cdot OH + H^+ \qquad (1-12)$$

$$\cdot OH + Org. \rightarrow Org. (oxid.) \rightarrow CO_2 + H_2O + inorg. \ anions$$
$$(1-13)$$

（ⅲ）催化剂的再生

$$POM_{red} + 2H^+ \xrightarrow{Ar} POM + H_2 \qquad (1-14)$$

$$POM_{red} + O_2 + H^+ \rightarrow POM + H_2O \qquad (1-15)$$

式中 Org. (oxid.) 为有机物的目标产物；POM_{red} 是混价态化合物，通常称其为杂多蓝（heteropoly blue，简写为 HPB），是 Org. 中的电子向 POM^* 转移的结果。HPB 并没有光化学活性，所以要想完成有机物的氧化或合成目标产物，必须使 HPB 再生为 POM。以保证在反应过程中 POM 的光化学活性，因此方程 (1－14)或 (1－15)的反应必须在瞬间完成。在杂多酸中，多金属钨酸盐的再生反应非常快，能满足上述要求。而多金属钼酸盐的氧化产物钼系杂多蓝化合物却非常稳定，也就是说，POM_{red} 氧化生成 POM 的过程进行得十分缓慢。所以，虽然多金属钼酸盐具有很强的氧化性，却不能作为光催化剂使用。

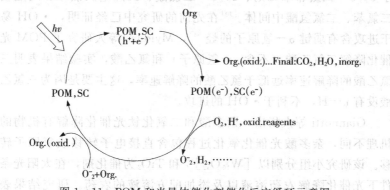

图 1 - 11　POM 和半导体催化剂催化反应循环示意图

Fig. 1 - 11　Photocatalytic reaction cycle of POM and Semiconductor

2. 多金属氧酸盐光催化氧化有机物的机理

人们对杂多酸光催化的机理一直存在争议。Yamase 等人通过电子顺磁共振手段检测出在光激发甲基氨多钼酸盐 $[NH_3Pri]_6$ $[Mo_7O_{24}]$ 和甲基氨多钨酸盐 $[NH_3Pri]_5$ $[W_6O_{20}(OH)]$ 的水溶液中有·OH 生成，从而推测水溶液中 POM 光催化氧化有机物的反应是由·OH 决定的。[89,90] Papacoustantinou 等人认为杂多酸与二氧化钛光催化降解有机物的机理是一致的，他们在紫外光条件下分别以 $H_3PW_{12}O_{40}$、$H_4SiW_{12}O_{40}$ 和 $Na_4W_{10}O_{32}$ 为催化剂，光催化降解氯代酚、芳香族化合物和氯乙酸等水溶液，根据产物的分布，推断出对水溶液中有机物的氧化起主要作用的物种是·OH[91-93]。·OH 产生的过程可以用下列方程式表示：

$$POM + h\nu \rightarrow POM^*$$

$$POM^* + H_2O \rightarrow POM(e^-) + \cdot OH + H^+$$

这种观点认为有机物的降解主要是依靠·OH 的强氧化能力。它的主要实验依据是：在 H_2O_2 和 POM 的紫外光催化降解体系中检测到了相同的中间产物。Papacoustantinou 等在相同的光照条件下，分别以 POM 和 H_2O_2 为催化剂光催化降解氯酚，同时检测到了 3，5－二氯邻苯二酚、2，6－二氯醌、二羟基三氯苯、三羟基二氯苯、二氯氢醌中间体。[90] 在先前的研究中已经证明，·OH 易于进攻含有弱键 α－氢原子的烃[94]，Mylonas 等人研究了 POM 光催化降解三氯乙酸（不含 α－氢原子）和氯乙酸，实验结果表明三氯乙酸的降解速率远低于氯乙酸的降解速率，这主要是因为三氯乙酸没有 α－H，不利于·OH 的进攻。[92]

Giannotti 等人指出，杂多酸和二氧化钛光催化降解有机物的机理不同，杂多酸光催化氧化过程包含直接电子转移或氢原子转移。该研究小组分别以 $[W_{10}O_{32}]^{4-}$ 和 TiO_2 为催化剂，在太阳光条件下光催化降解农药溶液以及添加配方溶液的农药。研究结果表明：$[W_{10}O_{32}]^{4-}$ 对有机物的催化作用并不完全相同于 TiO_2 的催化作用，在实验过程中没有检测到·OH，他们通过对纳秒闪光光解的实验观察以及动力学效应理论推测杂多酸的光催化过程是电荷转移跃迁或 H 原子提取作用。[95] Ferry 等人研究了 $PW_{12}O_{40}^{3-}$、$SiW_{12}O_{40}^{4-}$ 和 $PMo_{12}O_{40}^{3-}$ 三种催化剂降解 1，2－二氯苯（DCB）水溶液的过程，为了探讨机理向体系反应中加入了·OH 捕获剂 Br^-、2－丙醇、乙酮和乙酮－d_6。理论上这些捕获剂对光降解反应速率大小的影响应为：Br^-＞2－丙醇＞乙酮＞乙酮－d_6，但实验结果是 2－丙醇＞Br^-＞乙酮＞乙酮－d_6，这一实验现象不能用·OH 自由基的理论解释，因此 Ferry 认为 DCB 的杂多酸光催化降解是通过激发态杂多酸与有机物之间的直接电子转移的过程。其理由是：

（1）如果是·OH 机理，Br^- 淬灭·OH 的能力应大于 2－丙醇，但实验的结果是 2－丙醇淬灭·OH 的能力大于 Br^-；

（2）2－丙醇与杂多酸发生配位作用。杂多酸的直接电子转移过程可以用下列方程式表示：[96]

$$POM + h\nu \rightarrow POM^*$$
$$POM^* + S \rightarrow POM^- + S^+$$
$$S^+ \rightarrow Degradation$$
$$POM^- + O_2 \rightarrow POM + O_2^-$$

式中 S 代表有机污染物。

Langford 等人分别研究了固体杂多酸盐 $Cs_3PW_{12}O_{40}$ 和 TiO_2 胶体光催化降解 N－甲基吡咯烷酮（N－methylpyrrolidinone，简写为 NMP）的过程，通过检测中间体，推测反应过程中生成了·OH。但是在光催化氧化过程中，杂多酸体系和 TiO_2 体系的中间产物也是有差别的，并且多酸与氰尿酸作用的溶液中有"杂多蓝"的出现。根据以上实验现象 Langford 认为 NMP 的降解过程既有·OH，也有空穴（直接电子转移）的参与。[97,98] Guo 等人制备了微孔的 POM/SiO_2 复合材料，研究了该催化剂降解马来酸的过程。由于在反应过程中检测到了羟基化的中间体和杂多蓝，因此提出马来酸是在·OH 自由基和激发态 $[POM/SiO_2]^*$ 的协同作用下发生降解的。[99]该课题组提出了固体 POM 光催化氧化水溶液中有机污染物的机理（图 1 - 12），研究认为在光催化剂反应前，首先发生的是吸附作用，也就是说催化剂与反应物分子形成预缔合络合物（Preassociated complex），它是一种超分子物种，随后水溶液中有机污染物在·OH 自由基和激发态多酸的直接氧化作用下发生光催化氧化。

由此可以看出杂多酸光催化降解有机物的机理主要有三种：

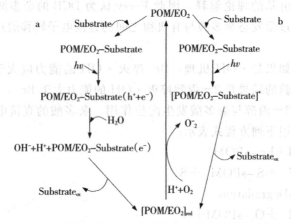

图 1 - 12　固体多酸光催化氧化水中有机物的反应机理

Fig. 1 - 12　The reaction mechanism of solid polyoxometalate photocatalytic oxidation of organic matter in the water

EO_2 为非光活性载体，路径 a 为·OH 自由基氧化，路径 b 为激发态多酸直接氧化。

（1）·OH 自由基进攻机理：激发态的 POM 与水作用产生了具有极强氧化能力的·OH 自由基，通过·OH 的强氧化能力降解有机物。

光催化电荷转移跃迁/氢原子提取作用机理：POM 受到光照激发后，具有极高的活性，能够通过激发电荷对有机物的转移跃迁或 POM* 对有机物 H 原子的提取作用，而导致有机污染物降解。

以同多钨酸盐为例[100]，反应式如下：

$$WO+XH \begin{cases} \longrightarrow [\cdot WHO, \cdot X] \longrightarrow W_{10}O_{32}{}^{5-}+X\cdot+H^+ \text{——H原子提取机理} \\ \\ \longrightarrow W_{10}O_{32}{}^{5-}+\cdot XH^+ \longrightarrow X\cdot+H^+ \text{——电荷转移} \end{cases}$$

其中，WO 为 $[W_{10}O_{32}]^{4-*}$ 弛豫产生的二级激发态（可能为 $[W_{10}O_{32}]^{4-}$ 单电荷转移激发态）；XH 为烷烃；X· 为烷基自由基。

协同作用：通过·OH 进攻与直接氧化共同完成（即 1 与 2 两者机理的共同作用）。

三、多金属氧酸盐光催化剂的研究现状

多金属氧酸盐作为光催化剂具有催化活性高、氧化能力强、选择性好、反应条件温和、无毒、不腐蚀设备等优点，是一类优良的多功能催化剂。目前对多金属氧酸盐光催化降解有机污染物的研究主要集中在两个方面：一是多酸均相体系光催化剂的研究；二是非均相体系光催化剂的研究。

1. 多酸均相体系光催化剂的研究

在均相体系中杂多酸的光催化降解研究主要集中在有机硫化物、卤代烃、卤代芳烃和卤酚等有机污染物。Papacoustantinou 等人研究发现 $H_3PW_{12}O_{40}$、$H_4SiW_{12}O_{40}$ 和 $Na_4W_{10}O_{32}$ 在富氧溶液中将氯酚完全矿化，同时催化效果能与 TiO_2 媲美。[93]反应过程用如下方程式表示：

$$POM(e^-)+O_2 \rightarrow POMO_2{}^-$$
$$POMO_2{}^- \rightarrow POM+O_2{}^{\overline{\cdot}}$$
$$O_2{}^- +H^+ \rightarrow HO_2\cdot$$
$$O_2{}^{\overline{\cdot}}/HO_2\cdot+ClPh \rightarrow \text{氧化产物}$$
$$2HO_2\cdot \rightarrow H_2O_2+O_2$$
$$H_2O_2+h\nu \rightarrow 2HO\cdot$$

其中，POM（e^-+h^+）或 POM* 为 POM 的激发态；ClPh 为氯酚。

Hori 等人在紫外－可见光照射下，以 $H_3PW_{12}O_{40}$ 为催化剂降解九氟戊酸（Nonafluoropentanoic acid，简写为 NFPA），研究发现光催化降解的产物主要是 F^- 和 CO_2，反应机理用如下方程式表示[101]：

$$[PW_{12}O_{40}]^{3-} + h\nu \rightarrow [PW_{12}O_{40}]^{3-*}$$

$$[PW_{12}O_{40}]^{3-*} + NFPA \rightarrow [PW_{12}O_{40}]^{4-} + NFPA^+$$

$$[PW_{12}O_{40}]^{4-} + O_2 \rightarrow [PW_{12}O_{40}]^{3-} + O_2^-$$

$$NFPA^+ \rightarrow CO_2 + F^- + H^+$$

但是均相光催化也存在许多缺点，如易溶于水中，不能重复使用；杂多酸的比表面积小（$1 \sim 10 \ m^2/g$）[102]等问题，所以限制了杂多酸的实际应用。因此，目前杂多酸光催化化学研究的主要发展趋势是：制备新型、耐水性、不溶脱（杂多酸与载体之间有新化学键生成）、可循环使用、高活性的固载型 POM 光催化剂，并能将其广泛地应用在实际废水的处理中。

2. 多酸非均相体系光催化剂的研究

近年来，各国化学家和材料科学家们一直在探讨制备不溶性或固载型 POM 的途径，目前，已见报道的 POM 复合材料主要是通过浸渍法、模板法和溶胶－凝胶法制备的一些固体光催化材料[103-107]。Kozhevinkov[107]等利用传统浸渍法将 POM 通过静电作用而吸附到无定形硅胶载体的孔道内表面上得到了产物 POM－SiO_2，但在催化过程中存在的主要缺点是，POM 易从载体上脱落，从而造成 POM 在反应过程中的流失。Guo[108-112]等利用溶胶－凝胶，嵌入化学和模板等技术制备了多种新型、耐水性并具有光催化活性的金属氧酸盐，很好地解决了多酸分离回收难的问题。同时，由于孔结构材料优异的表面物理化学性质，使其光催化活性也有了大幅度的提高。

目前，多金属氧酸盐光催化化学反应研究主要集中在光催化有机化学反应和光催化降解有机污染物这两个方面。其中，POM 光催化有机化学反应主要有：

(1) 烷烃、醇、胺和含氧酸光催化氧化脱氢[113]；

(2) 环烷酮中远离官能团（羰基）的不饱和碳氢键的活化[114-115]。而多金属氧酸盐光催化降解有机污染物的研究由于对环境催化领域具有特别重要的意义，所以备受关注。

近年来，我们课题组在固体 POM 光催化降解有机污染物领域开展了系统的研究工作[108-111，116-121]。研究表明，负载型 POM 可以有效地降解和矿化废水中有机污染物，如农药（六氯环己烷hexanchlorocyclohexane，HCH；1－羟基－2，2，2－三乙基氯－膦酸－o，o－二乙基酯，1－hydroxyl－2，2，2－trichloroethylphosphonate-o，o-dimethyl ester，TCF）、有机酸（苹果酸、乙酸和水杨酸）及染料（罗丹明 B、甲基橙及亚甲基蓝等）。农药的光降解可以在紫外光照射微孔结构的二氧化硅负载型POM（POM＝$H_3PW_{12}O_{40}$、$H_4SiW_{12}O_{40}$ 或 $Na_4W_{10}O_{32}$）及 POM－柱撑化合物（如 $Mg_{12}Al_6(OH)_{36}(W_7O_{24})\cdot4H_2O$）下完成。在直接光解或无光照条件下，HCH 或 TCF 基本不发生降解。只有在催化剂和紫外光共同作用下，HCH 或 TCF 的降解才能够发生，例如，在 $Mg_{12}Al_6(OH)_{36}(W_7O_{24})\cdot4H_2O$ 体系中，HCH 的完全降解需要 10 h；在 $Na_4W_{10}O_{32}/SiO_2$ 体系中，TCF 完全降解需要 8 h；而在 $H_3PW_{12}O_{40}/SiO_2$ 或 $H_4SiW_{12}O_{40}/SiO_2$ 催化体系中，HCH（10 mg/L）的完全降解仅需要 4 h。

我们课题组曾经通过近紫外光作用下苹果酸的降解反应，比较了三种负载型微孔 POM 材料（$H_3PW_{12}O_{40}/SiO_2$、$H_4SiW_{12}O_{40}/SiO_2$ 和 $Na_4W_{10}O_{32}/SiO_2$）的光催化行为[111]。研究结果表明，在 $H_3PW_{12}O_{40}/SiO_2$ 或 $H_4SiW_{12}O_{40}/SiO_2$ 催化体系中，需要经过 180 min 的紫外光照射，苹果酸（100 mg/L）才能完全降解。而在 $Na_4W_{10}O_{32}/SiO_2$ 体系中，完全降解苹果酸的时间仅需 90 min。由此总结出，这三种微孔 POM 催化剂的降解能力顺序为：$H_3PW_{12}O_{40}/SiO_2 \approx H_4SiW_{12}O_{40}/SiO_2 < Na_4W_{10}O_{32}/SiO_2$。

在 POM 复合材料光催化降解有机污染物的研究领域中，光催化降解的研究屡见报道。[122-127]我们课题组使用不同固体 POM 实施了对染料的光催化降解，并取得了良好的结果。[116,128-130,133] 例如，采用具有较高比表面积的中孔分子筛 MCM-48 和比表面积 82 m²/g 的 SIO-7 为氧化硅载体，用（EtO)₃SiCH₂CH₂CH₂NH₂（以下简称 APS）对其修饰，通过自组装技术将一取代 Keggin 结构的 PW₁₁Ni（PW₁₁Co）与修饰后的载体（APS-MCM-48 或 APS-SIO-7）键合，制备的耐水性多金属氧酸盐光催化复合材料（PW₁₁Ni-APS-MCM-48、PW₁₁Co-APS-MCM-48 和 PW₁₁Ni-APS-SIO-7）光催化水溶液中罗丹明 B（RB）的降解和矿化（图 1-13）。此反应在紫外光作用下进行，当没有催化剂的作用时直接光解 RB 120 min，降解率只有 50% 左右；而在 PW₁₁Ni-APS-MCM-48、PW₁₁Co-APS-MCM-48 和 PW₁₁Ni-APS-SIO-7 体系中，RB 在 120 min 的紫外光照射下，它的转化率可达到 90% 以上，显示了较高的光催化活性，并且循环使用后活性依旧较高。

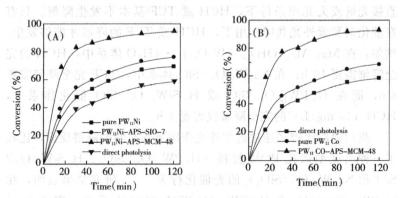

图 1-13   PW₁₁Ni（Co)-APS-MCM-48 和 PW₁₁Ni-APS-SIO-7
紫外光光催化实验结果图
Fig. 1-13   Disappearance of RB（$C_o = 50$ mg L⁻¹) in difference
photocatalytic testing

我们课题组通过对以上各种不同固体 POM 光催化行为的研

究，提出了固体 POM 光催化氧化水溶液中有机污染物的机理。该机理提出，催化剂在光活化前的吸附过程中首先与反应物分子形成预缔合络合物（Preassociated complex），它是一种超分子物种。当催化剂被光活化后，反应物分子的光氧化过程分以下两种情形：一是复合光催化材料的载体无光催化活性的情形，水溶液中反应物分子的光氧化是·OH 自由基的作用。同时，激发态多酸的直接氧化也对该反应起重要作用；二是复合光催化材料的载体有光催化活性的情形，与表面物理化学性质相近、无机前驱体相同而载体为非光活性氧化物的多酸复合光催化材料相比，此类复合光催化材料的光催化活性有明显的提高。这种情况下，反应物分子的光催化氧化历程十分复杂，其中，两种光催化活性物质（POM 和氧化物载体）之间的协同效应（Synergistic effect）对此类复合催化剂光催化活性的提高起重要作用。[117，131-132]

本章参考文献

[1] Fujishima A，Honda K. *Electrochemical photolysis of water at semiconductor electrode* [J]. Nature，1972，238（1）：37—38.

[2] Frank S N，Bard A J. *Heterogeneous photocatalytic oxidation of cyanide and sulfite in aqueous solutions at semiconductor powders* [J]. J. Phys. Chem.，1997，81（15）：1484—1486.

[3] Carey J H，Tosine H M. *Photodechlorination of PCB's in the presence of titanium dioxide in aqueous suspension* [J]. Bull Environ Contam Toxicol，1976，16（5）：697—701.

[4] Pruden A L，Follls D. *Degradation of chloroform by photoassistetd heterogeneous catalysis in dilute aqueous suspensions of titanlum dioxide* [J]. Environ. Sci. Technol.，1983，17（10）：628—631.

[5] Tanaka K, Koguchil H, Mura T. *A dislocation model for hardness indentation problem* — Ⅱ [J]. Int. J. Eng. Sci., 1989, 27 (1): 11—27.

[6] Bhatkhande D S, Pangarkar V G, Beenackers A A C M. *Photocatalytic degradation for environmental applications* — *a review* [J]. J. Chem. Technol. Biotechnol., 2001, 77 (1): 102—116.

[7] Stylidi M, Kondarides D I, Verykios X E. *Pathways of solar light-induced photocatalytic degradation of azo dyes in aqueous TiO₂ suspensions* [J]. Appl. Catal. B: Environ., 2003, 40 (4): 271—286.

[8] Pera-Titus M, García-Molina V, Baños M A, et al. *Degradation of chlorophenols by means of advanced oxidation processes: a general review* [J]. Appl. Catal. B: Environ., 2004, 47 (4): 219—256.

[9] Chen X, Mao S S. *Titanium Dioxide Nanomaterials: Synthesis, Properties, Modifications, and Applications* [J]. Chem. Rev., 2007, 107 (7): 2891—2959.

[10] Rajeshwar K, Osugi M E, Chanmanee W, et al. *Heterogeneous photocatalytic treatment of organic dyes in air and aqueous media* [J]. J. Photochem. Photobiol. C: Photochem. Rev., 2008, 9 (4): 171—192.

[11] 施利毅. 纳米材料 [M]. 上海: 华东理工大学出版社, 2006.

[12] 沈伟韧, 赵文宽, 贺飞. TiO₂光催化反应及其在废水处理中的应用 [J]. 化学进展, 1998, 10 (4): 349—361.

[13] 韩维屏. 催化化学导论 [M]. 北京: 科学出版社, 2003: 599—600.

[14] Zhang D, Qiu R, Song L, et al. *Role of oxygen active*

species in the photocatalytic degradation of phenol using polymer sensitized TiO₂ under visible light irradiation [J]. J. Hazard. Mater. , 2009, 163 (2－3)：843－847.

[15] 于向阳，梁文，杜永娟，等. 二氧化钛光催化材料的应用 [J]. 材料导报，2000，14（2）：38－40.

[16] 谭小伟，高家诚，邹建，等. 不同晶型的纳米 TiO₂ 粉体的低温制备及光催化性能研究 [J]. 兵器材料科学与工程，2007，30（1）：27－30.

[17] 孙晓君，蔡伟民，井立强，等. 二氧化钛半导体光催化技术研究进展 [J]. 哈尔滨工业大学学报，2001，33（4）：534－541.

[18] Salvador P，Gonzalez Garcia M L，Munoz F. *Catalytic Role of Lattice Defects in the Photoassisted Oxidation of Water at* (001) *n-TiO₂ Rutile* [J]. J. Phys. Chem. , 1992, 96 (25)：10349－10353.

[19] Yamashita H，Kamada N，He H，et al. *Reduction of CO₂ with H₂O on TiO₂* (110) *Single Crystals under UV-irradiation* [J]. Chem. Lett. , 1994, (5)：855－858.

[20] 井立强. ZnO 超微粒子的制备、改性、表征及其在 SO₂ 与烃的气相光催化反应中催化作用的研究 [D]. [硕士学位论文]，1997.

[21] Hoffman M R，Martin S T，Choi W，et al. *Environmental applications of semiconductor photocatalysis* [J]. Chem. Rev. , 1995, 95 (1)：69－96.

[22] Zhang L，Wang W，Zhou L，et al. *Bi₂WO₆ nano － and microstructures：shape control and associated visible-light-driven photocatalytic activities* [J]. Small，2007，3（9）：1618－1625.

[23] Li H，Bian Z，Zhu J，et al. *Mesoporous titania spheres with tunable chamber stucture and enhanced photocatalytic activity* [J]. J. Am. Chem. Soc. , 2007, 129 (27)：8406

—8407.

[24] Sökmen M, Candan F, Sümer Z. *Disinfection of E. coli by the Ag-TiO₂/UV system: lipidperoxidation* [J]. J. Photochem. Photobiol. A: Chem. , 2001, 143 (2 − 3): 241−244.

[25] Wu G, Chen T, Zong X, et al. *Suppressing CO formation by anion adsorption and Pt deposition on TiO₂ in H₂ production from photocatalytic reforming of methanol* [J]. J. Catal. , 2008, 253 (1): 225−227.

[26] Salvad-Estivill I, Brucato A, Puma G L. *Two-dimensional modeling of a flat-plate photocatalytic reactor for oxidation of indoor air pollutants* [J]. Ind. Eng. Chem. Res. , 2007, 46 (23): 7489−7496.

[27] Yu H, Chen S, Quan X, et al. *Fabrication of a TiO₂ − BDD heterojunction and its application as a photocatalyst for the simultaneous oxidation of an azo dye and reduction of Cr (VI)* [J]. Environ. Sci. Technol. , 2008, 42 (10): 3791−3796.

[28] Reutergardh L B, Iangphasuk M. *Photocatalytic deco lourization of reactive azo dye: a comparison between TiO₂ and CdS photocatalysis* [J]. Chemosphere, 1997, (3): 585−596.

[29] Richard C, Halle A, Brahmia O, et al. *Auto-remediation of surface waters by solar-light: Photolysis of 1-naphthol, and two herbicides in pure and synthetic waters* [J]. Catal. Today, 2007, 124 (3−4): 82−87.

[30] 雷乐成, 汪大翚. 水处理高级氧化技术 [M]. 北京: 化学工业出版社, 2001: 250.

[31] Lachheb H, Puzenat E, Houas A, et al. *Photocatalytic degradation of various types of dyes (Alizarin S, Crocein*

Orange G, Methyl Red, Congo Red, Methylene Blue) in water by UV-irradiated titania [J]. Appl. Catal. B: Environ., 2002, 39 (1): 75—90.

[32] Stylidi M, Kondarides D I, Verykios X E. Pathways of solar light-induced photocatalytic degradation of azo dyes in TiO₂ aqueous suspensions [J]. Appl. Catal. B: Environ., 2003, 40: 271—286.

[33] Carole K G, Marie J, Michael G. Decomposition of organophosphorus compounds on photoactivated TiO₂ surfaces [J]. J. Mole. Catal., 1999, 60: 375—387.

[34] 陈士夫，赵梦月，陶跃武，等. 久效磷农药光催化降解过程及机理研究 [J]. 郑州工学院学报，1996，17 (1)：25—28.

[35] 温淑瑶，陈素云，马占青，等. 阳光下二氧化钛－膨润土对 SDBS 的降解 [J]. 矿物岩石. 2010，30 (1)：106—110.

[36] Liao Y B, Meng Z F, Zheng P Y, et al. Photocatalytic degradation kinetics of common surfactants over TiO₂ [J]. Acta Scientiae Circumstantiae, 2010, 30 (9): 1833—1838.

[37] 杨涛，李国朝，杨期勇，等. 预涂动态膜强化渗透与截留性能研究 [J]. 环境工程学报，2010，4 (12)：2801—2806.

[38] 张亚文. 改性 TiO₂ 的制备及其在油田污水处理中的应用 [D]. [硕士学位论文]. 大庆：大庆石油学院，2010.

[39] Xu J J, Chen M D, Fu D G. Preparation of bismuth oxide/titania composite particles and their photocatalytic activity to degradation of 4—chlorophenol [J]. Nonferrous Met. Soc. China, 2011, 21: 340—345.

[40] 鞠贵仁. 纳米 TiO₂ 光催化降解苯胺废水研究 [D]. [硕士学位论文]. 石家庄：河北科技大学，2010.

[41] 陆伟. 纳米二氧化钛光催化降解菲研究 [D]. [硕士学位论文]. 北京：北京化工大学，2010.

[42] 葛飞，戴友芝，罗卫玲. TiO₂光催化氧化技术在环保领域的研究新进展 [J]. 化学进展，2002，(12)：20—22.

[43] 白玉兰，孔德良，叶庆国. 纳米 TiO₂光催化剂固定化技术及其改性的研究进展 [J]. 青岛化工学院学报，2001，22 (4)：326—333.

[44] Mitsunobu L，Masayoshi H，Hiromi K，et. al. *Cobalt lon —doped TiO₂ photocatalyst response to visible light* [J]. J. Colloid Interface Sci. ，2000，224：202—204.

[45] 管晶，梁文懂. 掺钒二氧化钛的可见光催化性能研究 [J]. 应用化工，2006，35 (2)：117—119.

[46] 张雪红，唐星华，程新孙. TiO₂—CeO₂介孔复合氧化物的合成及应用 [J]. 物理化学学报，2003，32 (5)：532—537.

[47] 周武艺，唐绍裘，等. 制备不同稀土掺杂的纳米氧化钛光催化剂及其光催化活性 [J]. 硅酸盐学报，2004，32 (10)：1203—1206.

[48] Li J，Yang X，Yu X，et al. *Rare earth oxide — doped titania nanocomposites with enhanced photocatalytic activity towards the degradation of partially hydrolysis poly acrylamide* [J]. Appl. Surf. Sci. ，2009，255 (6)：3731—3738.

[49] Li X Z，Li F B. *Study of Au/Au³⁺ — TiO₂ photocatalysts toward visible photooxidation for water and wastewater treatment* [J]. Environ. Sci. Technol. ，2001，35 (11)：2381—2387.

[50] Stathatos E，Petrova T，Lianos P. *Study of the efficiency of visible — light photocatalytic degradation of basic blue adsorbed on pure and doped mesoporous titania films* [J]. Langmuir，2001，17 (16)：5025—5030.

[51] Wang C H，Hller A. Gerischer H. *Palladium catalysis of*

O_2 *reduction by elections accumulated on* TiO_2 *particles during photoassisted oxidation of organic compounds* [J]. Am. Chem. Soc. ,1992,114:5230—5234.

[52] Hyung M S, Jae R C, Hoe J H, et. al. *Comparison of Ag deposition effects on the photocatalytic activity of nanoparticulate* TiO_2 *under visible and UV light irradiation* [J]. J. Photochem. Photobiol. A:Chem. ,2004,163 (1 —2):37—44.

[53] 彭绍琴. 掺杂二氧化钛光催化剂的制备及性能研究 [D]. [博士学位论文]. 南昌:南昌大学,2005.

[54] 于宏燕,杨儒,李敏,等. 锐钛相虫蛀状介孔二氧化钛的表征 [J]. 无机化学学报,2003,19 (9):963—966.

[55] Asahi R, Morikawa T, Ohwaki T, et al. *Visible-light photocatalysis in nitrogen-doped titanium oxides* [J]. Science,2001,293 (5528):269—271.

[56] Khan S, Al-Shahry M, Ingler W B. *Efficient photo chemical water splitting by a chemically modified n-TiO_2* [J]. Science,297 (5590):2243—2245.

[57] Nukumizu K, Nunoshige J, Takata T, et al. *TiNxOyFz as a stable photocatalyst for water oxidation in visible light* (<570 nm) [J]. Chem. Lett. ,2003,32 (2):196—197.

[58] Ihara T, Miyoshi M, Iriyama Y, et al. *Visible-light-active titanium oxide photocatalyst realized by an oxygen-deficient structure and by nitrogen doping* [J]. Appl. Catal. B:Environ. ,2003,42:403—409.

[59] Vogel R, Hoyer P, Weller H. *Quantun-sized PbS, CdS, Ag_2S, Sb_2B_3 and Bi_2S_3 Particles as Sensitizers for Various Nanoporous Wide-band Gap Semiconductors* [J]. J. Phys. Chem. ,1994,98 (12):3183—3188.

[60] Liu D, Kamat Pv. *Electrochemical rectification in CdSe + TiO₂ coupled semiconductor-films* [J]. J. Electroanal. Chem., 1993, 347 (1−2): 451−456.

[61] 袁志好, 张立德. 掺锌的 TiO₂ 纳米粉的结构相变及发光性质 [J]. 高等学校化学学报, 1999, 20 (7): 1007−1011.

[62] 施利毅, 李春忠, 古宏晨, 等. SnO₂-TiO₂ 复合颗粒的形态结构及光催化活性 [J]. 化学物理学报, 2000, 13 (3): 336−341.

[63] Do Y R, Lee W, Dwight K, et al. *The Effect of WO₃ on the Photocatalytic Activity of TiO₂* [J]. J. Solid State Chem., 1994, 108 (1): 198−201.

[64] 施利毅, 古宏晨, 李春忠, 等. SnO₂ − TiO₂ 复合光催化剂的制备和性能 [J]. 催化学报, 1999, 20 (3): 338−342.

[65] 张长拴, 李志勋, 张乐, 等. 超细纳米 TiO₂/Al₂O₃ 复合体的制备及其组成分布的研究 [J]. 化学研究与应用, 2000, 12 (4): 379−381.

[66] Luan Z H, Hartmann M, Zhao D Y, et al. *Alumination and ion exchange of mesoporous SBA − 15 molecular sieves* [J]. Chem. Mater., 1999, 11 (6): 1621−1627.

[67] 赵敬哲, 杨少凤, 王子忱, 等. 制备高比表面多孔 Ti−Si 复合氧化物材料的新方法 [J]. 高等学校化学学报, 2000, 21 (2): 292−294.

[68] Hadjiivanov K, Reddy B M, Knzinger H. *FTIR Study of Low-temperature Adsorption and CO Adsorption of* ¹²CO *and* ¹³CO *on a TiO₂-SiO₂ Mixed Oxide* [J]. Appl. Catal. A: General, 1999, 188: 355−360.

[69] Wang C, Geng A, Guo Y, et al. *A novel preparation of three-dimensionally ordered macroporous M/Ti (M = Zr or Ta) mixed oxide nanoparticles with enhanced photocatalytic activity* [J]. J Colloid Interface Sci., 2006, 301 (1): 236

—247.

[70] Cheng P, Zheng M, Jin Y, et al. *Preparation and characterization of silica-doped titania photocatalyst through sol-gel method* [J]. Mater. Lett., 2003, 57: 2989—2994.

[71] 魏子栋，殷菲，谭君，等. TiO₂光催化氧化研究进展 [J]. 化学通报，2001，2：76—80.

[72] Chen C Y, Burkett S L, Li H X, et al. *Studies on mesoporous materials.* Ⅱ. *Synthesis mechanism of MCM-41* [J]. Micropor. Mater., 1993, 2 (1): 27—34.

[73] Ranjit K T, Cohen H, Willner I, et al. *Lanthanide oxide-doped titanium dioxide: Effective photocatalysts for the degradation of organic pollutants* [J]. J. Mater. Sci., 1999, 34 (21): 5273—5280.

[74] Lu H M, Takata T, Lee Y. *Photocaalytic activity enhancing for titanium dioxide by co-doping with bromine and chlorine* [J]. Chem. Mater., 2004, 16: 846—849.

[75] Liu H Y, Gao L. *Codoped rutile TiO₂ as a new photocatalyst for visible light irradiation* [J]. Chem. Lett., 2004, 33: 730—731.

[76] 刘国光，张学治，等. 铁、锌、铁酸锌掺杂对纳米级二氧化钛光催化降解罗丹明 B 活性的影响 [J]. 环境工程，2003，21 (2)：72—74.

[77] Yang X, Xu L, Yu X, et al. *One-step preparation of silver and indium oxide co-doped TiO₂ photocatalyst for the degradation of rhodamine B* [J]. Catal. Commun., 2008 (9): 1224—1229.

[78] Tian B, Li C, Gu F, et al. *Synergetic effects of nitrogen doping and Au loaading on enhancing the visible-light*

photocatalytic activity of nano [J]. Catal. Commun.,
2009 (10): 925—929.

[79] 郑珊, 高濂, 郭景坤. 温和条件下介孔分子筛 MCM—41 的
修饰与表征 [J]. 无机材料学报, 2000, 15 (5): 844—848.

[80] Antonelli D M, Ying J Y. *Synthesis of hexagonally packed
mesoporous TiO₂ by a modified sol-gel method* [J].
Angew. Chem. Int. Ed. Engl., 1995, 34 (18): 2014
—2017.

[81] Kloetatra K R, Zandbergen H W, Jansen J C. *Overgrowth
of mesoporous MCM-41 On faujasite* [J]. Micropor.
Mater., 1996 (6): 287—293.

[82] 黄少云, 葛学贵, 石磊, 等. 介微孔复合沸石分子筛对重金
属离子吸附性能的实验研究 [J]. 岩石矿物学杂志, 2004,
24 (1): 57—60.

[83] Li L, Li Y, Ma Y, et al. *Preparation and photocatalytic
behaviors of nanoporous polyoxotungstate anatase TiO₂
composites* [J]. J. Rare. Earths, 2007 (25): 68—73.

[84] 王恩波, 胡长文, 许林. 多酸化学导论: 第 1 版 [M]. 北
京: 化学工业出版社, 1998.

[85] Misono M. *Unique acid catalysis of heteropoly compounds
(heteropolyoxometalates) in the solid state* [J]. Chem.
Comm., 2001 (13): 1141—1152.

[86] Misono M, Okuhara T, Ichiki T, et al. *Pesudoliquid
behavior of heteropoly compound catalysts, unusual pressure
dependencies of the rate and selectivity for ethanol
dehydration* [J]. J. Am. Chem. Soc., 1987, 109 (18):
5535—5536.

[87] Friesen D A, Headley J V, Langford C H. *The
photooxidative degradation of N-methylpyrrolidinone in*

the presence of $Cs_3PW_{12}O_{40}$ *and* TiO_2 *colloid photocatalysts* [J]. Environ. Sci. Technol. , 1999 (33): 3193—3198.

[88] Hiskia A, Mylonas A, Papaconstantinou E. *Comparison of the photoredox properties of polyoxometallates and semiconducting particles* [J]. Chem. Soc. Rev. , 2001 (30): 62—69.

[89] Yamase T. *Water splitting by photoirradiation of alkylammonium polytungstates in homogeneous solutions and detectable paramagnetic species* [J]. Inorg. Chim. Acta, 1983 (76): 25—27.

[90] Yamase T, Watanabe R. *Photochemical hydrogen-evolution from alkaline solution of alkylammonium isopolyvanadate* [J]. Inorg. Chim. Acta, 1983 (77): 193—195.

[91] Mylonas A, Papaconstantinou E. *On the mechanism of photocatalytic degradation of chlorinated phenols to* CO_2 *and HCl by polyoxometalates* [J]. J. Photochem. Photobiol. , 1996, 94 (1): 77—82.

[92] Mylonas A, Papaconstantinou E, Roussis V. *Photo catalytic degradation of phenol and p-cresol by polyo xotungstates. mechanistic implications* [J]. Polyhedron, 1996, 15 (19): 3211—3217.

[93] Mylonas A, Hiskla A, Papaconstantinou E. *Contribution to water purification using polyoxo-metalates, Aromatid denvatives, chloroaceticacids* [J]. J. Mol. Catal. A: Chem. , 1996 (114): 191—196.

[94] Antonaraki S, Androulaki E, Dimotikali D, et al. *Photolytic degradation of all chlorophenols with polyoxometallates and* H_2O_2 [J]. J. Photochem. Photobiol. A: Chem. , 2002, 148 (1—3): 191—197.

[95] Texier I, Giannotti C, Malato S, et al. *Solar photodegradation of pesticides in water by sodium decatungstate* [J]. Catal. Today, 1999, 54 (2—3): 297—307.

[96] Ozer R R, Ferry J L. *Kinetic Probes of the Mechanism of Polyoxometalate-Mediated Photocatalytic Oxidation of Chlorinated Organics* [J]. J. Phys. Chem. , 2000, 104 (40): 9444—9448.

[97] Friesen D A, Headley J V, Langford C H. *The photooxidative degradation of N-methylpyrrolidinone in the presence of $Cs_3 PW_{12} O_{40}$ and TiO_2 colloidal photo catalysts* [J]. Environ. Sci. Technol. , 1999 (33): 3193 —3198.

[98] Friesen D A, Morello L, Headley J V, et al. *Factors influencing relative efficiency in photo-oxidations of organic molecules by $Cs_3 PW_{12} O_{40}$ and TiO_2 colloidal photocatalysts* [J]. J. Photochem. Photobiol. A: Chem. , 2000, 133 (3): 213— 220.

[99] Guo Y, Hu C, Jiang S, et al. *Heterogeneous photodegradation of aqueous hydroxy butanedioic acid by microporous polyoxometalates* [J]. Appl. Catal. B, 2002, 36 (1): 9—17.

[100] Tanielian C. *Decatungstate photocatalysis* [J]. Coord Chem. Rev. , 1998 (178—180): 1165— 1181.

[101] Hori H, Hayakawa E, Koike K, et al. *Decomposition of nonafluoropentanoic acid by heteropolyacid photocatalyst $H_3 PW_{12} O_{40}$ in aqueous solution* [J]. J. Mol. Catal. A: Chem. , 2004 (211): 35—41.

[102] Mizuno N, Misono M. *Heterogenous catalysis* [J]. Chem. Rev. , 1998, 98 (1): 199—217.

[103] Guo Y, Wang Y, Hu C, et al. *Microporous polyoxometalates POMs/SiO₂: synthesis and photocatalytic degradation of aqueous organocholorinepesticides* [J]. Chem. Mater., 2000, 12 (11): 3501—3508.

[104] Schroden R C, Holland B t, Melde B J, et al. *Direct systhesis of ordered macroporous silica materials functionalized with polyoxometalate cluster* [J]. Chem. Mater., 2001, 13 (3): 1074—1081.

[105] Izumi Y, Ono M, Hida T. *Acid catalysis of silica-included heteropolyacid in polar reaction media* [J]. Appl. Catal. A, 1999, 181 (6): 277—282.

[106] Guo Y, Yang Y, Hu C, et al. *Preparation, characterization and photochemical properties of ordered macroporous hybrid silica materials based on monovacant Keggin-type polyo xometalates* [J]. Mater. Chem., 2002, 12 (2): 3046 —3052.

[107] Kozhevnilov I V, Kloetstra K R, Sinnema A, et al. *Study of catalysts comprising heteropoly acid H₃PW₁₂O₄₀ supported on MCM-41 molecular sieve and amorphous silica* [J]. J. Mole. Catal. A, 1996, 114 (1): 287 —298.

[108] Guo Y, Wang Y, Hu C, et al. *Microporous polyoxometalates POMs/SiO₂: synthesis and photo catalytic degradation of aqueous organocholorine Pesticides* [J]. Chem. Mater., 2000, 12 (11): 3501 —3508.

[109] Guo Y, Hu C, Wang X, et al. *Microporous Deca tungstates: Synthesis and Photochemical Behavior* [J]. Chem. Mater., 2001, 13 (11): 4058—4064.

[110] Guo Y, Li D, Hu C, et al. *Photocatalytic degradation of aqueous organocholorine pesticide on the layered double hydroxide pillared by Paratungstate A ion*, $Mg_{12} Al_6 (OH)_{36} (W_7 O_{24})$ • $4H_2 O$ [J]. Appl. Catal. B, 2001, 30 (3-4): 337-349.

[111] Li K X, Guo Y N, Ma F Y, et al. *Design of ordered mesoporous $H_3 PW_{12} O_{40}$-titania materials and their photocatalytic activity to dye methyl orange degradation* [J]. Catal. Comm. , 2010, 11 (9): 839-843.

[112] Guo Y, Li K, Yu X, et al. *Mesoporous $H_3 PW_{12} O_{40}$-silica composite: Efficient and reusable solid acid catalyst for the synthesis of diphenolic acid from levulinic acid* [J]. Appl. Catal. B, 2008, 81 (3): 182-191.

[113] Andrea M, Alessandra M, Graziano V, et al. *Immobilization of $(n$-$Bu_4 N)_4 W_{10} O_{32}$ on mesoporous MCM-41 and amorphous silicas for photocatalytic oxidation of cycloalkanes with molecular oxygen* [J]. J. Catal. , 2002, 209 (2): 210 -216.

[114] Hill C L, Renneke R F, Combs L. *Anaerobic functionalization of remote unactivated carbonhydrogen bonds by polyoxometalatrs* [J]. Tetrahedron, 1988, 44 (24): 7499-7507.

[115] Combs L A, Hill C L. *Use of excited and ground-state redox properties of polyoxometalates for selective transformation of unactivated carbon-hydrogen centers remote from the functional group in ketones* [J]. J. Am. Chem. Soc. , 1992, 114 (8): 938-946.

[116] Li L, Liu C, Guo Y, et al. *Preparation, characterization and photocatalytic applications of amine-functionalized*

mesoporous silica impregnated with transition-metal-monosubstituted polyoxometalates [J]. Mater. Res. Bull, 2006, 41 (2): 319－322.

[117] Li L, Wu Q, Guo Y, et al. *Nanosize and bimodal porous polyoxotungstate － anatase TiO₂ composites: Preparation and photocatalytic degradation of organophosphorus pesticide using visible-light excitation* [J]. Micro. Meso. Mater., 2005, 87 (1): 1－9.

[118] Guo Y, Li D, Hu C, et al. *Layered double hydroxides pillared by tungsten polyoxometalates: synthesis and photocatalytic activity* [J]. Inter. J. Inorg. Mater., 2001, 3 (2): 347－355.

[119] 郭伊荇, 李丹峰, 胡长文, 等. 仲钨酸盐 A 柱撑化合物 $Mg_{12}Al_6 (OH)_{36} (W_7O_{24}) \cdot 4H_2O$ 的合成及其光催化性能研究 [J]. 高等学校化学学报, 2001, 22 (9): 1453 －1455.

[120] Jiang S, Guo Y, Wang C, et al. *One-step sol-gel preparation and enhanced photocatalytic activity of porous polyoxometalate － tantalum pentoxide nanocomposites* [J]. J. Colloid Interface Sci., 2007, 308 (1): 208 －215.

[121] Li L, Li Y, Ma Y, et al. *Preparation and photocatalytic behaviours of nanoporous polyoxotungstate-Anatase TiO₂ omposcites* [J]. J. Rare. Earths, 2007, 25 (1): 68 －73.

[122] Alaton I, Ferry J. *Application of polyoxotungstates as environmental catalysts: wet air oxidation of acid dye Orange II* [J]. Dyes and Pigments, 2002, 54 (1): 25 －36.

[123] Jin H, Wu Q, Pang W. *Photocatalytic degradation of textile dye X-3B using polyoxometalate-TiO₂ hybrid materials* [J]. J. Hazard. Mater. , 2007, 141 (1): 123 —127.

[124] Chen C, Lei P, Ji H, et al. *Photocatalysis by titanium dioxide and polyoxometalate/TiO₂ cocatalysts. Intermediates and Mechanistic Study* [J]. Environ. Sci. Technol. , 2004, 38 (1): 329—337.

[125] Lv K, Xu Y. *Effects of polyoxometalate and fluoride on adsorption and photocatalytic degradation of organic dye X₃B on TiO₂: the difference in the production of reactive species* [J]. J. Phys. Chem. B, 2006, 110 (12): 6204 —6212.

[126] Alaton I, Ferry J. *Near-UV-VIS light induced acid orange 7 bleaching in the presence of SiW₁₂O₄₀⁴⁻ catalyst* [J]. J. Potochem. Photobio. A: Chem. , 2002, 152 (1 —3): 175—181.

[127] Zhang G, Xu Y. *Polyoxometalate-mediated reduction of dichromate under UV irradiation* [J]. Inorg. Chem. Comm. , 2005, 8 (6): 520—523.

[128] 李莉, 郭伊荇, 周萍. 孔道结构 $H_3PW_{12}O_{40}/TiO_2$ 的制备及其可见光光催化降解水溶液中染料的研究 [J]. 催化学报, 2005, 3: 259—262.

[129] Yang Y, GuoY, Hu C, et al. *Preparation of surface modifications of mesoporous titania with monosubstituted Keggin units and their catalytic performance for organochlorine pesticide and dyes under UV irradiation* [J]. Appl. Catal. A, 2004, 273 (1—2): 201—210.

[130] Yang Y, Guo Y, Hu C, et al. *Synergistic effect of*

Keggin-type $[X^{n+} W_{11} O_{39}]^{(12-n)-}$ and TiO_2 in macroporous hybrid materials $[X^{n+} W_{11} O_{39}]^{(12-n)-}$ - TiO_2 for the photocatalytic degradation of textile dyes [J]. J. Mater. Chem. , 2003, 13 (7): 1686—1694.

[131] Ryu J, Choi W. Effects of TiO_2 surface modifications on photocatalytic oxidation of arsenite: the role of superoxides [J]. Envirn. Sci. Technol. , 2004, 38 (10): 2928—2933.

[132] Park H, Choi W. Photoelectrochemical investigation on electron transfer mediating behaviors of polyoxometalate in UV-Illuminated suspensions of TiO_2 and Pt/TiO_2 [J]. J. Phys. Chem. B, 2003, 107 (16): 3885—3890.

[133] Qu X, Guo Y, Hu C. Preparation and heterogeneous photocatalytic activity of mesoporous $H_3 PW_{12} O_{40}/ZrO_2$ composites [J]. Mol. Catal. A: Chem. , 2007, 262 (1 —2): 128—135.

第二章 负载型多酸的制备方法

引 言

纳米材料指的是颗粒尺寸为 1～100 nm 的粒子组成的新型材料。由于其尺寸小、比表面积大和量子效应，使之具有常规固体材料不具备的特殊性能，在光吸收、敏感、催化及其他功能特性等方面展现出引人注目的应用前景。我们知道任何物质的性能都取决于其构成结构，而结构又取决于其组成及其制备方法，因此合成与制备是材料学最关键，也是最基础的领域。

纳米催化材料的性能主要取决于以下几个因素：

（1）粒径大小及其分布；

（2）化学组成；

（3）界面或表面的存在及其结构特征：如颗粒间界面、晶面界面、杂质原子和结构缺陷等；

（4）组分间或相间的相互作用。

上述结构因素的存在及其相互作用，就决定了纳米尺度催化剂的独特性能。而这些因素最终取决于化学组成及其制备，包括晶粒的大小、界面的特征和相互作用等方面。[1]

目前国内外用于制备负载型多酸催化剂的方法主要有溶胶－凝胶法、水热分散法、浸渍法和离子交换法等。

第一节 溶胶－凝胶法

溶胶－凝胶法（Sol-Gel 法）广泛应用于金属氧化物纳米粒子的制备。该法是指反应物在一定条件下水解成溶胶，进一步聚合成凝胶，凝胶再经干燥，热处理后制得所需纳米粒子的过程。其初始研究可追溯到 1846 年，Ebelmen 等用 SiCl₄ 与乙醇混合后，发现在湿空气中发生水解并形成了凝胶，但这一发现当时并未引起化学界和材料界的注意。[2]直到 1948 年 Roy 等提出可由凝胶制得高度均匀的新型陶瓷材料的设想，并在五六十年代采用溶胶－凝胶法合成了含铝、硅、钛、锆等的氧化物陶瓷。这引起了科学家的重视，逐渐形成了"通过化学途径制备优良陶瓷"的概念。[3]20 世纪 80 年代成为溶胶－凝胶技术发展的高峰时期，关于溶胶－凝胶技术的基础研究和应用研究的文献大量出现，同时该方法也被广泛用于铁电材料、超导材料、生物材料、催化剂载体、薄膜、高纯玻璃及其他材料的制备，成为无机材料合成中的一个独特方法。[4]

一、溶胶一凝胶法的基本原理

不论所用的前驱物为无机盐还是金属醇盐，其主要反应步骤都是前驱物溶于溶剂（水或有机溶剂）中形成均匀的溶液，溶质与溶剂产生水解或醇解反应，反应生成物聚集成 1 nm 左右的粒子并组成溶胶（图 2 - 1a）；进一步进行化学反应，溶胶粒子间相互交联，形成以前驱体为骨架具有三维网络结构的凝胶（图 2 - 1b）；凝胶再经过干燥脱去网络结构中的溶剂形成一种多孔结构的材料；最后经过烧结固化得到所需的材料。

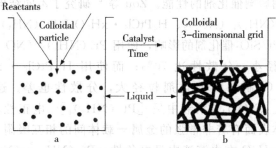

图 2 - 1 溶胶－凝胶过程示意图[4]

Fig. 2 - 1　Scheme of sol—gel process

在溶胶－凝胶过程中，主要发生如下两种类型的反应[1]：

水解反应：$MOR + H_2O \rightarrow MOH + HOR$

缩合反应：$MOH + HOM \rightarrow MOM + H_2O$

$MOR + HOM \rightarrow MOM + HOR$

水解和缩合并不是两个孤立的反应过程，两种反应是交叉进行的，水解过程中包含缩合反应，而缩合产物也会发生水解反应，产物非常复杂。而且影响水解和缩合反应的因素也很多，因此，目前对于非硅体系的溶胶－凝胶过程和机理的研究并不是很深入。

二、溶胶－凝胶法的影响因素

采用溶胶－凝胶法制备催化剂的过程中，前驱体的选择、水解过程中 pH、水和前驱体的比例、试剂的挥发性、水解后聚合物黏度的控制、干燥方式、焙烧温度和方法等因素[5]均会影响催化剂物化性能。在制备催化剂过程中，合理调节和控制这些因素，才能制备高分散性、高纯度和高活性的催化剂。

1. 金属前驱体的影响

金属前驱体是影响溶胶－凝胶法制备过程的重要因素，不同前驱体的结构和性能对催化剂的制备影响很大。在溶胶－凝胶法制备催化剂的过程中，不同种类的离子电荷起着不同的作用，金属与载体间的作用影响催化剂的性能。Zou 等[6]研究了不同结构 Pt 前驱体，如 $Pt(NH_3)_4(NO_3)_2$、$H_2PtCl_6 \cdot xH_2O$ 和 $Pt(NH_3)_4(NO_3)_2$ 对于制备 Pt/SiO_2 催化剂的影响，使用 $Pt(NH_3)_4(NO_3)_2$ 制备的催化剂粒径小，分散性达 70%；而使用 $H_2PtCl_6 \cdot xH_2O$ 和 $Pt(NH_3)Cl_2$ 制备的催化剂粒径大，分散性也差。这是由于 $Pt(NH_3)_4(NO_3)_2$ 在溶液中呈 $[Pt(NH_3)_4]^{2+}$ 电正性，与呈电负性的载体表面有着非常强的金属－载体间的相互吸附作用。而 $H_2PtCl_6 \cdot xH_2O$ 在水溶液中呈电负性，$Pt(NH_3)_4(NO_3)_2$ 在水溶液中呈电中性，因而减弱金属－载体间的相互作用，甚至出现金属和载体的排斥作用。

2. pH 的影响

王瑞斌[7]研究了采用溶胶－凝胶法制备纳米 TiO₂ 过程中 pH
值对材料晶型和粒度的影响。研究发现，随着合成过程中 pH 的增
大，纳米 TiO₂ 晶体的粒度也逐渐增大。另外 pH 值的变化也会影
响纳米 TiO₂ 的晶型，通过控制 pH 值使纳米 TiO₂ 的晶型转变温度
明显降低。一般情况下，纳米 TiO₂ 由锐钛矿转变成金红石的温度
在 550～800 ℃左右，但在该实验中将 pH 值调至小于 1.5 后，经
过270 ℃热处理后出现了金红石相；在其他酸性和碱性条件下，同
样的试剂、同样的试剂加入顺序、同样的热处理条件，却没有金红
石相出现。

周利民[8]利用溶胶－凝胶法制备了纳米 TiO₂ 颗粒，研究了 pH
值的变化对 TiO₂ 粒径、结晶习性和产率的影响。结果表明，当 pH
值在 1.0～11.5 范围内变化时，TiO₂ 粒径从 5 nm 增加到 22 nm。
当 pH 值较小时，晶体结构尚不完整，但当 pH 值增至 9.4 时，
TiO₂ 转变为较规则的立方形晶体，继续增加 pH 值至 11.5，TiO₂
的结晶习性发生了明显改变，变为橄榄球形。当 pH 值为 12.0 时，
并未观察到 TiO₂ 的生成，说明在高碱性条件下 Ti（OH）₄基本不
转化为 TiO₂。

3. 用水量的影响

Lambert 等[9]研究了溶胶－凝胶法制备负载型金属催化剂金
属醇盐的含量对反应的影响。结果表明，水和金属醇盐的比例不同
会影响凝胶过程进而影响催化剂的性能。水的比例增加，会导致形
成凝胶所需时间的增加，孔径和粒子分散程度不同。因此，在水解
过程中确定水和金属醇盐的合理比例，对制备良好的催化剂有利。
高基伟[10]选择"钛酸丁酯－水－乙醇－盐酸"的溶胶－凝胶反应
体系，考察反应物水量变化对反应过程、溶胶结构和光催化性能的
影响。结果表明，钛酸丁酯与水的摩尔比为 1∶2、1∶4、1∶8 时，
TiO₂ 为无定形结构，未形成锐钛矿晶型，并且不能够降解罗丹明
B；钛酸丁酯与水的摩尔比为 1∶40、1∶100、1∶200 时，钛酸丁

酯发生充分水解，TiO_2 为锐钛矿结构，同时可使罗丹明 B 脱色。

溶胶-凝胶法制备 TiO_2 时，有两种典型的工艺：一是用少量的水，H_2O 与 Ti 的摩尔比通常小于 5；另一种工艺是用较大量的水，H_2O 与 Ti 的摩尔比约为 3000。郑裕龙[11]研究了这两种水量变化对溶胶-凝胶法制备 $N-TiO_2$ 的影响，结果表明：采用用水量少的工艺制备的 $N-TiO_2$ 粉体，颗粒粒度较大，光催化活性较低；采用用水量大的工艺制备的 $N-TiO_2$ 粉体，颗粒粒度较小，光催化活性较高。

4. 焙烧温度

干燥得到干凝胶后的重要一步是催化剂的焙烧，焙烧温度对催化剂也会产生影响，不同的焙烧温度会产生不同的晶型、孔径、孔容和表面分散度等。程银兵[12]采用溶胶-凝胶技术制备了 TiO_2 凝胶，研究了不同的煅烧温度对 TiO_2 性能的影响。结果表明：随着热处理温度的升高，TiO_2 的结构由非晶体结构到锐钛矿，再到金红石相，200 ℃为非晶体结构，400 ℃为锐钛矿相，600 ℃开始出现金红石相，800 ℃时完全转变为金红石相；晶粒尺寸也随热处理温度的升高而逐渐增大，晶粒尺寸的变化范围是 $2.5\sim6.8$ nm，其中锐钛矿结构的晶粒尺寸范围为 $2.5\sim5.5$ nm，金红石结构的晶粒尺寸范围为 $5.9\sim6.8$ nm。

三、溶胶-凝胶法制备负载型多酸

史慧贤[13]采用溶胶-凝胶技术制备了以 Y-分子筛为载体，La 和 $H_3PW_{12}O_{40}$ 改性的 TiO_2 纳米光催化剂（$ZLP-TiO_2$），采用溶胶-凝胶方法制备的催化剂在经 700 ℃煅烧后仍保持完整的锐钛矿结构；比表面积为 102.4 m^3/g，远大于 TiO_2 的 30.3 m^3/g；用亚甲基蓝为模型污染物考察其光催化活性，在 125 W 汞灯照射 120 min 后，亚甲基蓝（40 mg/L）的脱色率可达 98%；催化剂重复利用 4 次后，脱色率仍可达 95%。

Yang 等[14]以 SBA-15 为载体，采用溶胶-凝胶和浸渍法将 $H_3PW_{12}O_{40}$ 负载到 SBA-15 上，研究发现在反应体系中都加入

0.88%的 $H_3PW_{12}O_{40}$，浸渍法负载的杂多酸的量为 0.85%，而溶胶－凝胶法负载的杂多酸的量为 0.64%。虽然浸渍法负载杂多酸的量远大于溶胶－凝胶法的杂多酸担载量，但是溶胶－凝胶法制备的复合材料在极性溶剂体系中的稳定性要优于浸渍法制备的复合材料。通过 FT－IR 证明，这是由于 $H_3PW_{12}O_{40}$ 和 SBA－15 之间的相互作用力更强。

Guo[15] 通过溶胶－凝胶技术将 Keggin 型多酸负载于二氧化硅上制备了复合材料 $H_3PW_{12}O_{40}/SiO_2$ 和 $H_4SiW_{12}O_{40}/SiO_2$。该复合材料中 $XW_{12}O_{40}{}^{n-}$ 离子与 SiO_2 网络之间并不是简单的物理吸附作用，而是存在着化学作用，通过 SEM（图 2 - 2）可以看出这些材料的粒子分布较均匀，粒子尺寸在 10~40 nm 之间。在 125 W 高压汞灯的照射下，以六氯环己烷（HCH）为模型污染物（C_0 ＝ 7 mg/L）研究复合材料的光催化活性。复合材料 $H_3PW_{12}O_{40}/SiO_2$ 和 $H_4SiW_{12}O_{40}/SiO_2$ 都具有较高的光催化活性，可以在温和的条件下将六氯环己烷完全矿化，总的反应方程式为：

$$C_6H_6Cl_6 + 6O_2 \xrightarrow[\substack{H_3PW_{12}O_{40}/SiO_2 \text{ or} \\ H_4SiW_{12}O_{40}/SiO_2}]{hv} 6CO_2 + 6HCl$$

 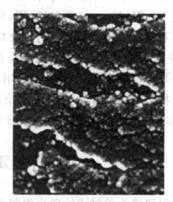

$H_3PW_{12}O_{40}/SiO_2$ （A） $H_4SiW_{12}O_{40}/SiO_2$ （B）

图 2 - 2 POM/SiO_2 的扫描电镜

Fig. 2 - 2 SEM images of POM/SiO_2

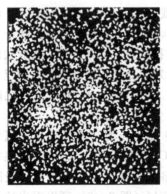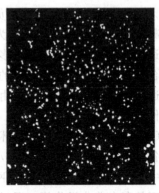

$Na_4 W_{10} O_{32}/SiO_2$（A）　　　　$Q_4 W_{10} O_{32}/SiO_2$（B）

图 2 - 3　POM/SiO$_2$ 的扫描电镜

Fig. 2 - 3　SEM images of POM/SiO$_2$

Guo[16]以十钨酸盐 $Na_4 W_{10} O_{32}$ 和 $Q_4 W_{10} O_{32}$ 为原料，采用溶胶—凝胶法制备了 $Na_4 W_{10} O_{32}/SiO_2$ 和 $Q_4 W_{10} O_{32}/SiO_2$，该复合材料的比表面积非常大，分别为 616.9 m^2/g 和 945.4 m^2/g，远大于 SiO$_2$（237.8 m^2/g）。从复合材料的 SEM 图中（图 2 - 3）可以看出材料的粒子分布非常均匀，并与采用常规浸渍法制备的无孔十钨酸盐 $Na_4 W_{10} O_{32}$ — SiO$_2$ 和 $Q_4 W_{10} O_{32}$ — SiO$_2$ 的多酸脱落情况作了对比，对于采用浸渍法制备的复合材料，在反应过程中 $Na_4 W_{10} O_{32}$ 或 $Q_4 W_{10} O_{32}$分子的脱落是不可避免的，因为 $Na_4 W_{10} O_{32}$ 或 $Q_4 W_{10} O_{32}$分子与 SiO$_2$ 载体间仅靠静电作用相结合，而溶胶—凝胶法制备的复合材料，多酸分子与 SiO$_2$ 网络间以化学键相结合并完全被捕获在 SiO$_2$ 网络中，因而限制了该分子从网络内部向外部的迁出。

第二节　浸　渍　法

以浸渍为关键或特殊步骤制备催化剂的方法称为浸渍法，也是目前催化剂制备过程中应用最广泛的方法之一。该方法是将载体浸放于含有活性物质的溶液中，活性物质逐渐吸附于载体上，当吸附平衡后，去掉剩余液体，再进行干燥、焙烧、活化等工序处理。经过干燥处理，水分蒸发逸出，可是活性组分的盐类留在载体的内表面上，这些金属和金属氧化物的盐类均匀地分布在载体的细孔中，经加热分解或活化后，既得高度分散的载体催化剂。

一、浸渍法的类型

1. 过量浸渍法

所谓的过量浸渍法就是浸渍溶液（浓度 $x\%$）的体积大于载体。该过程是活性组分在载体上的负载达到吸附平衡后，再滤掉（而不是蒸发掉）多余的溶液，此时活性组分的负载量需要重新测定。该方法的优点是活性组分分散比较均匀，并且吸附量能达到最大值（相对于浓度为 $x\%$ 时），当然这也是它到缺点——不能控制活性组分的负载量，很多时候并不是负载量越大活性越好，负载量过多离子也容易聚集。

2. 等体积浸渍法

等体积浸渍就是载体的体积（一般情况下是指孔体积）和浸渍液的体积一致，浸渍液刚好能完全进入到孔里面。该方法的特点与过量浸渍法相反：活性组分的分散度很差，有的地方颗粒小，有的地方颗粒则很大（因为载体倒入时有前后顺序，先与溶液接触的载体会吸附更多的活性相）；但是它能比较方便地控制活性组分的负载量，并且负载量很容易算出。对颗粒大小要求不是很严的催化剂，该方法效果还比较好。

3. 多次浸渍法

多次浸渍法即浸渍、干燥、焙烧反复进行数次。使用这种方法的原因有两点：一是浸渍化合物的溶解度很小，一次浸渍不能得到足够的负载量，需要重复浸渍多次；二是为避免多组分浸渍化合物各组分之间的竞争吸附，应将各组分按顺序先后浸渍。每次浸渍后，必须进行干燥和焙烧。该工艺过程复杂，除非上述特殊情况，应尽量少采用。

4. 浸渍沉淀法

该法是在浸渍法的基础上辅以均匀沉淀法发展起来的一种新方法，即在浸渍液中预先加入沉淀剂母体，待浸渍单元操作完成后，加热升温使沉淀组分沉积在载体表面上。此法可以用来制备比浸渍法分布更均匀的金属或金属氧化物负载型催化剂。

二、浸渍法制备负载型多酸

吴越等[17]研究了采用浸渍法制备负载型杂多酸的机理。认为杂多酸与载体之间相互作用的本质是酸－碱反应，当载体表面为碱性时，其作用机制为：

$$M-OH\ (s)\ +\ H^+\ (aq)\ \rightarrow\ MOH_2^+\ (s)$$

$$MOH_2^+\ (s)\ +\ [HPAn]^-\ (aq)\ \rightarrow\ M\ (HPAn)\ (s)\ +\ H_2O$$

式中 M 表示金属离子，M—OH（s）为表面羟基。

当表面羟基具有酸性时，作用机制为：

$$MOH_2^+\ (s)\ +\ [HPAn]^-\ (aq)\ \rightarrow MOH_2^+\ (HPAn)^-\ (s)$$

羟基质子化后即和杂多酸阴离子配位形成外界表面配合物。因此，随载体表面羟基酸碱度及杂多酸强度的不同，两者相互作用的结果将形成固载牢度不同的活性中间体，从而影响负载型催化剂的活性和溶脱量。

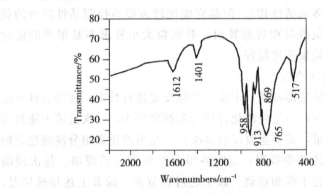

图 2-4   TiO₂固载磷钨酸红外光谱图

Fig. 2-4   IR spectrum of $H_3PW_{12}O_{40}/TiO_2$

孙亚萍[18]采用浸渍法以 TiO_2 为载体制备了固载型杂多酸光催化剂——$H_3PW_{12}O_{40}/TiO_2$，$H_8SiW_{12}O_{42}/TiO_2$，$H_7PMo_{12}O_{42}/TiO_2$。图 2-4 所示的是 $H_3PW_{12}O_{40}/TiO_2$ 光催化剂的红外光谱图，从图中可以看出，在 958 cm^{-1}、913 cm^{-1}、869 cm^{-1}、765 cm^{-1} 的吸收峰应归为磷钨酸在 TiO_2 表面吸附后表现出的吸收峰。因此可以推断磷钨酸固载在 TiO_2 的表面上，而且 Keggin 结构并未破坏。同时以酸性大红 3R 为模型污染物，研究了 $H_3PW_{12}O_{40}/TiO_2$ 复合材料的光催化活性，结果表明：与单纯的 TiO_2 光催化剂相比较，$H_3PW_{12}O_{40}/TiO_2$ 的光催化活性有了明显提高，对酸性大红 3R 的降解率从 79% 提高到 91%。

李新华[19]考察了不同载体对多酸负载型催化剂的性能影响。采用等体积浸渍法制备了以 Al_2O_3、SiO_2、TiO_2 和活性炭为载体的磷钨酸催化剂，通过对磷钨酸负载型催化剂的红外光谱检测发现（图 2-5）：与磷钨酸相比，负载后的磷钨酸其特征吸收峰均明显减弱，甚至有的吸收峰已消失。这表明磷钨酸与载体存在较强的相互作用，使原有的 Keggin 结构受到干扰，甚至破坏。Al_2O_3 作用力较强，完全破坏了磷钨酸的结构。从图中可以看出各载体与杂阴离子的作用力强弱次序为 $Al_2O_3 > SiO_2 > TiO_2$。同时研究了磷钨酸负载量为 10% 的催化剂对噻吩氧化脱硫的活性，结果表明载体对杂多酸脱硫活性有显著的影响，其脱硫活性次序为：活性炭 $>SiO_2$ $>TiO_2>Al_2O_3$。

另外，除活性炭存在吸附外，不同载体负载的磷钨酸催化剂在水中的溶脱率变化次序刚好与其脱硫活性次序相反。这表明负载型多酸催化剂对噻吩氧化脱硫的活性与溶解在溶液中的杂多酸有关。

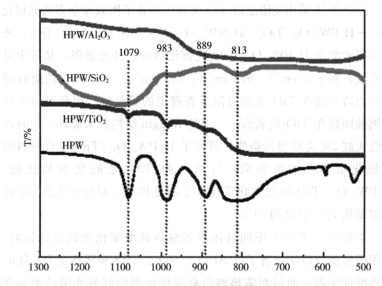

图 2 - 5   Al$_2$O$_3$、SiO$_2$ 和 TiO$_2$ 负载磷钨酸的红外光谱图

Fig. 2 - 5   IR spectrum of H$_3$PW$_{12}$O$_{40}$/Al$_2$O$_3$,

H$_3$PW$_{12}$O$_{40}$/SiO$_2$ and H$_3$PW$_{12}$O$_{40}$/TiO$_2$

李琴[20]研究了浸渍法制备负载型杂多酸后，杂多酸的结构变化。认为由于杂多酸和载体之间存在相互作用，因此杂多酸负载后结构会有一定的变化，而且随着载体的不同，杂多酸结构变化的程度也不同。图 2 - 6 和 2 - 7 分别为 H$_3$PW$_{12}$O$_{40}$/SiO$_2$ 和 H$_3$PW$_{12}$O$_{40}$/γ—Al$_2$O$_3$ 红外光谱图，从图 2 - 6 中可以看出，负载后磷钨酸的特征谱带仍十分明显，表明负载后磷钨酸的基本结构未发生变化，但磷钨酸的 1080 cm^{-1} 的峰与 SiO$_2$ 的 1100 cm^{-1} 峰重叠成为 1112 cm^{-1} 处的宽峰，且发生了一定程度的红移，说明杂多酸与载体间发生了相互作用，从而使杂多酸中的 PO$_4$ 四面体结构发生明显变形，使 P-O 键强明显增大。

而由图 2 - 7 可以看出，PW$_{12}$ 负载在 γ-Al$_2$O$_3$ 上后，杂多酸的 1080 cm^{-1}、982 cm^{-1}、897 cm^{-1}、804 cm^{-1} 四个特征峰发生了很

大的变化，此外还出现了 928 cm^{-1} 和 1020 cm^{-1} 两个峰。由此可见，PW$_{12}$ 的 Keggin 结构已经破坏，可能是 PW$_{12}$ 和 γ-Al$_2$O$_3$ 发生了强烈的相互作用导致的。

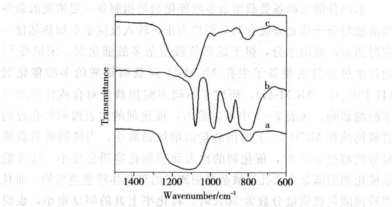

图 2 - 6　PW$_{12}$/SiO$_2$ 催化剂的 IR 谱图

Fig. 2 - 6　IR spectra of PW$_{12}$/SiO$_2$ catalyst

(a) SiO$_2$　(b) PW$_{12}$　(c) PW$_{12}$/SiO$_2$

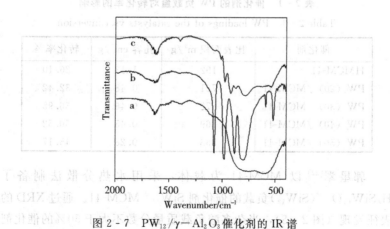

图 2 - 7　PW$_{12}$/γ－Al$_2$O$_3$ 催化剂的 IR 谱

Fig. 2 - 7　IR spectra of PW$_{12}$/γ－Al$_2$O$_3$ catalyst (a) γ－Al$_2$O$_3$

(b) PW$_{12}$　(c) PW$_{12}$/γ－Al$_2$O$_3$

第三节 水 热 分 散 法

水热分散法制备负载型杂多酸催化剂是指制备一定浓度的杂多酸溶液与分子筛充分混合调至稠状为止，转入反应釜中加热晶化一定时间后，抽出水分，烘干既得负载型杂多酸催化剂。宋艳芬[21]通过水热分散法制备了中孔 MCM-41 固载磷钨酸的多酸催化剂（$H_3PW_{12}O_{40}$/MCM-41），研究了不同多酸担载量对合成柠檬酸三丁酯的影响。从表 2-1 中可以看出，催化剂的比表面积和孔容随着磷钨酸在 MCM-41 上的担载量的增加而减小，当磷钨酸负载质量分数超过 50％时，催化剂的比表面积和孔容明显变小，这可能是催化剂的部分介孔孔道被杂多阴离子的聚集体堵塞造成的。而且当磷钨酸负载质量分数为 50％时，转化率上升的幅度很小，也说明催化剂的活性与孔径大小有关。研究认为：孔径大，反应物的扩散速率大，转化率高。

表 2-1 催化剂的 PW 负载量对转化率的影响

Table 2-1　PW loadings of the catalysts vs. conversion

催化剂	比表面积 m^2/g	孔容 cm^3/g	转化率％
HMCM-41	192	1.13	26.10
PW (20) /MCM-41	731	0.48	32.42
PW (30) /MCM-41	672	0.46	36.95
PW (40) /MCM-41	569	0.45	50.52
PW (50) /MCM-41	353	0.28	45.17

郭星翠[22]以 MCM-41 为载体，采用水热分散法制备了 $H_3SiW_{12}O_{40}$（SiW_{12}）负载的催化剂 SiW_{12}/MCM-41。通过 XRD 的表征发现（图 2-8），当杂多酸负载质量分数不大于 50％的催化剂保持载体规整的中孔结构时，杂多酸的分散性好。另外，对于杂多酸的质量分数为 16.7％～50.0％的样品，XRD 谱图上没有出现

$H_3SiW_{12}O_{40}$ 的晶体衍射峰；当负载质量分数超过 50％的样品，在 $2\theta=6°\sim40°$间可以清楚地看到杂多酸的晶体衍射峰。同时该复合材料在合成三醋酸甘油酯时显示出良好的催化活性。

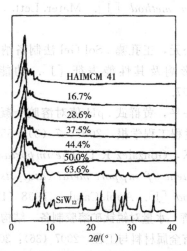

HAIMCM 41

16.7%

28.6%

37.5%

44.4%

50.0%

63.6%

SiW_{12}

图 2-8　不同 SiW_{12} 负载量样品的 XRD 谱图

Fig. 2-8　XRD patterns of the samples with different SiW_{12} loadings

本章参考文献

[1] 阎子峰. 纳米催化技术 [M]. 北京：化学工业出版社，2003.

[2] 徐建梅，张德. 溶胶—凝胶法的技术进展与应用现状 [J]. 地质科技情报，1999，18 (4)：103－106.

[3] 曾庆冰，李效东，陆逸. 溶胶—凝胶法基本原理及其在陶瓷材料中的应用 [J]. 高分子材料科学与工程，1998，14 (2)：138－143.

[4] 武志刚，高建峰. 溶胶—凝胶法制备纳米材料的研究进展 [J]. 精细化工，2010，27 (1)：21－25.

[5] Gonzalez R D, Lopez T, Gomez R. *Sol-Gel prepa-ration of suppor ted metal catalysts* [J]. Catal. Today，1997 (35)：

293—317.

[6] Zou W, Gonzalez R D, Lopez T, et al. *The effect of precursor structure on the preparation of Pt/SiO₂ cata-lysts by the sol-gel method* [J]. Mater. Lett. , 1995（24）: 35—39.

[7] 王瑞斌，戴松元，王孔嘉. Sol-Gel 法制备纳米 TiO₂ 过程中水解 pH 值的影响及其性能表征 [J]. 功能材料，2002，33 (3)：296—297.

[8] 周利民，王一平，黄群武. pH 值对溶胶－凝胶法制备 TiO₂ 的影响 [J]. 过程工程学报，2007，7 (3)：556—560.

[9] Lambert C K, Gonzalez R D. *The importance of measuring the metal content of support metal catalysts prepared by the so-l gel method* [J]. Appl. Catal. , 1998 (172)：233—239.

[10] 高基伟，杨辉. 水量对锐钛矿溶胶制备、结构及光催化性能的影响 [J]. 稀有金属材料与工程，2007 (36)：303—305.

[11] 胡裕龙，刘宏芳，郭兴蓬. 用水量对溶胶－凝胶法制备氮掺杂纳米二氧化钛的影响 [J]. 硅酸盐学报，2010，38 (1)：97—104.

[12] 程银兵，马建华，吴广明，等. 热处理对溶胶－凝胶 TiO₂ 薄膜的晶相转变和性能的影响 [J]. 功能材料，2003，34 (1)：73—75.

[13] 史慧贤，张天永，王晓，等. 稀土杂多酸改性 TiO₂/分子筛纳米光催化剂的制备及性能 [J]. 中国稀土学报，2011，29 (1)：55—62.

[14] Yang L N, Qi Y T, Yuan X D, et al. *Direct synthesis, characterization and catalytic application of SBA-15 containing heteropolyacid H₃PW₁₂O₄₀* [J]. J. Mol. Catal. A: Chem. , 2005，229：199—205.

[15] Guo Y, Wang Y, Hu C, et al. *Microporous polyoxometalates*

$POMs/SiO_2$: synthesis and photocatalytic degradation of aqueous organocholorine pesticides [J]. Chem. Mater. , 2000，12 (11)：3501－3508.

[16] Guo Y, Hu C, Wang X, et al. Microporous decatungstates: synthesis and photochemical behavior [J]. Chem. Mater. , 2001，13 (11)：4058－4064.

[17] 吴越，叶兴凯，杨向光，等. 杂多酸的固载化－关于制备负载型酸催化剂的一般原理 [J]. 分子催化，1996，10 (4)：299－319.

[18] 孙亚萍，赵靓，赵景联，等. 二氧化钛固载多酸催化剂的制备及其光催化性能研究 [J]. 高校化学工程学报，2006，20 (4)：554－558.

[19] 李新华. 杂多酸（盐）与负载型杂多酸催化剂的制备、表征及其催化氧化噻吩的研究 [D]. [博士学位论文]. 2008.

[20] 李琴. 二氧化硅负载杂多酸催化剂的制备、表征及催化性质 [D]. [硕士学位论文]. 2008.

[21] 宋艳芬，黄世勇，郭星翠，等. PW/MCM-41催化剂的合成及对合成柠檬酸三丁酯反应的研究 [J]. 工业催化，2004，12 (3)：22 - 25.

[22] 郭星翠，孟宪涛，张杰，等. SiW_{12}/ MCM-41催化剂的合成及对三醋酸甘油酯反应的影响 [J]. 石油化工高等学校学报，2005，18 (1)：36－40.

第三章　负载型多酸光催化材料

引　言

杂多酸优异的结构特点导致其具有强酸性、强氧化性和高光化学活性。然而，杂多酸的比表面积很小（$1\sim10$ m^2/g），表面酸、氧化或光氧化活性点较少，因而限制了其固有的催化性能的发挥。另外，由于杂多酸是强的 Brönted 酸，极易溶解在极性溶剂中，给催化剂的分离与回收带来了困难，因而限制了其实际应用。近年来，各国化学家和材料科学家们一直在探讨制备不溶性或固载型杂多酸的途径，其目的是提高杂多酸的比表面积以及降低其在极性溶剂中的溶解度。制备不溶性杂多酸主要是选择体积较大的阳离子如 NH_4^+ 和 Cs^+ 作为抗衡离子，这类杂多酸盐的表面积（一般在 $50\sim200$ m^2/g 之间）和孔体积（$0.3\sim0.5$ ml/g）较大，酸强度高（$H_0<-8.2$），且不溶于水，是较为理想的固体酸催化材料，甚至在某些反应中，这类盐表现出了与杂多酸相当或者更高的酸催化活性。[1] 而制备固载型杂多酸不仅可以大大提高其比表面积，而且可以激发杂多酸更高的催化活性和选择性，同时利于催化剂回收，从而开辟了杂多酸催化领域的新天地。朱洪法等[2]归纳了载体在催化剂中所起的作用：

（1）增加有效面积和提供合适的孔结构；

（2）提高催化剂的耐磨性和热稳定性，从而延长催化剂的寿命；

（3）提供活性中心；

（4）载体与活性组分作用形成新化合物和固体，产生新的化合物形态及晶体结构，从而引起催化剂活性的变化，这时候载体的作用往往和助催化剂的作用类似；

（5）增加催化剂的抗毒性能，可大大延长催化剂的使用寿命。用于固载杂多酸的载体主要为酸性或中性且不活泼的物质，如 SiO_2、活性炭、分子筛以及酸性层柱双氢氧化物（layered double hydroxides，缩写为 LDH）等。碱性固体物质（如 MgO）有分解杂多酸的可能，故不易做固载杂多酸的载体。

第一节 活性炭负载型杂多酸

近年来，世界各国的研究者一直在探讨制备不溶性或固载型杂多酸的方法，主要是为了解决杂多酸比表面积低和其极易溶解在水中的问题。目前，常用来固载杂多酸的方法主要有浸渍法、模板法和溶胶-凝胶法等。[3-7] 作为固载杂多酸的载体应该具有较大的比表面积，并且是酸性或中性且不活泼的物质，如 SiO_2、TiO_2、活性炭、分子筛、酸性层柱材料和离子交换树脂等。碱性固体物质（如 MgO）有分解杂多酸的可能，故不易做固载杂多酸的载体。

一、活性炭

活性炭是一种由微晶炭和无定形碳构成的黑色多孔固体碳素材料，主要是生物有机物质如煤、石油、沥青、木屑、果壳等经炭化和活化而得到，含有数量不等的灰分，孔隙结构发达，具有巨大的比表面积和超强的吸附能力，比表面积高达 1500 m^2/g，对气体、溶液中的无机或有机物质及胶体颗粒等都有很强的吸附能力。作为一种性质优良的吸附剂，活性炭具有独特的孔隙结构和表面活性官能团，化学性质稳定，机械强度高，耐酸、耐碱、耐热，不溶于水和有机溶剂，能在多种条件下和广泛的 pH 值范围内使用，并且容易再生，所以在食品、饮料、制糖、味精、制药、化工、电子、国防之类工业部门及环境保护中获得了广泛应用。

1. 活性炭的孔结构

"多孔"是活性炭的主要特征，正是由于多孔从而决定了活性炭的巨大的比表面积和超强的吸附性能。根据国际纯粹与应用化学会分类标准[8]，活性炭孔结构可分为微孔（＜2 nm）、中孔（2－50 nm）和大孔（＞50 nm）。其孔径结构模型如图 3－1[9]所示。活性炭中不同孔径的孔隙具有不同的功能和作用。其中微孔对活性炭的吸附能力起着决定性的作用，它的容积约为 0.20～0.60 cm³/g，活性炭的比表面积有 95％以上是由微孔形成的，所以高品质的活性炭都含有发达的微孔结构。而活性炭的中孔主要起输送被吸附物质使之到达微孔边缘的通道作用以及在液相吸附中吸附分子直径较大的吸附质的作用，它的容积一般为 0.02～0.10 cm³/g。在活性炭的吸附过程中，大孔主要是为被吸附物质提供到达微孔的通道的作用。

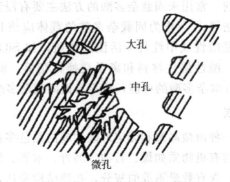

图 3－1　活性炭的孔结构模型

Fig. 3－1　The porous structural model of activated carbon

2. 活性炭的表面化学结构

活性炭的主要组分为碳元素，还含有氢、氧、氮和卤素等元素。这些元素的来源很多，有的是活性炭原料本身就含有的元素，也有的是通过化学法活化活性炭时引入的元素。活性炭的液相吸附性能和作为催化剂载体的性能主要是由它的表面化学结构决定的。所以活性炭的表面化学结构也是活性炭研究中很重要且值得研究的课题之一。

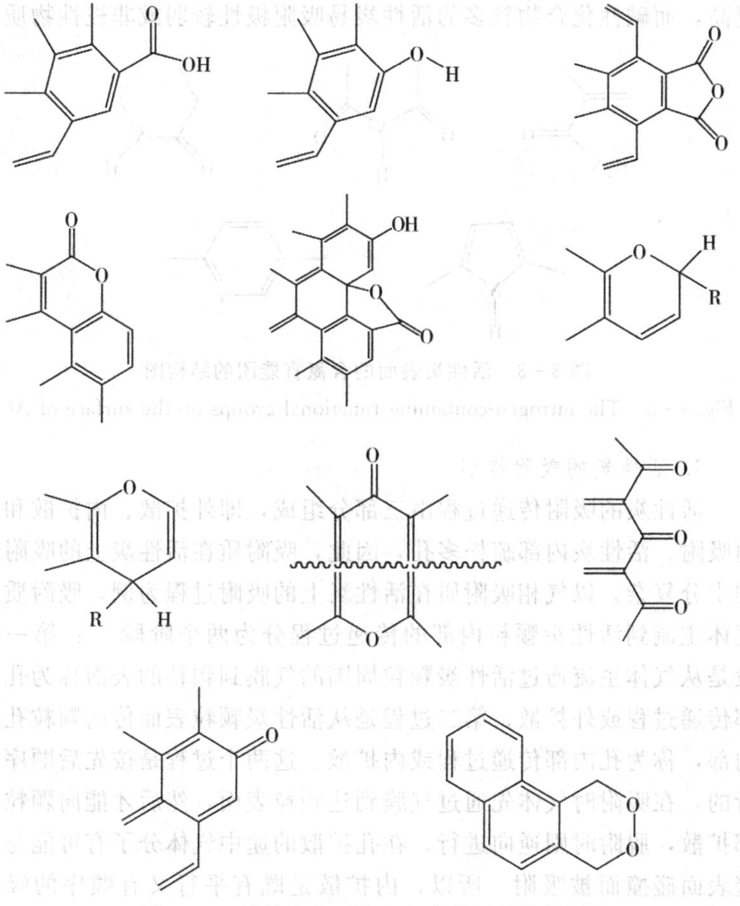

图 3 - 2　活性炭表面的含氧官能团的结构图

Fig. 3 - 2　The oxygen-containing functional groups on the surface of AC

　　活性炭的表面化学结构主要是指其表面的化学官能团，主要包含有含氧官能团和含氮官能团，还包含有少量的卤素等元素的官能团。其中含氧官能团的化学结构（图 3 - 2[9]）和含氮官能团的化学结构（图 3 - 3[10]）对活性炭的性质产生重要的影响。一般来说，活性炭表面含氧官能团中酸性化合物越多，吸附极性化合物的效率越高，而碱性化合物较多的活性炭易吸附极性较弱或非极性物质。

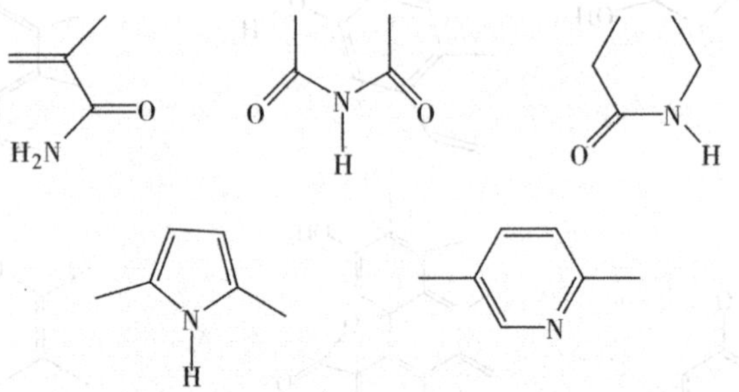

图 3 - 3　活性炭表面的含氮官能团的结构图

Fig. 3 - 3　The nitrogen-containing functional groups on the surface of AC

3. 活性炭的吸附性能

活性炭的吸附传递过程由三部分组成，即外扩散、内扩散和表面吸附。活性炭内部疏松多孔，因此，吸附质在活性炭上的吸附过程十分复杂。以气相吸附质在活性炭上的吸附过程为例，吸附质从气体主流到活性炭颗粒内部的传递过程分为两个阶段[11]：第一阶段是从气体主流通过活性炭颗粒周围的气膜到颗粒的表面称为孔外部传递过程或外扩散；第二过程是从活性炭颗粒表面传向颗粒孔隙内部，称为孔内部传递过程或内扩散。这两个过程是按先后顺序进行的，在吸附时气体先通过气膜到达颗粒表面，然后才能向颗粒内部扩散，脱附时则逆向进行。在孔扩散的途中气体分子有可能与孔壁表面碰撞而被吸附。所以，内扩散是既有平行又有顺序的吸附过程。

活性炭是非极性吸附剂，表面呈疏水性，是目前完成分离与净化过程中唯一不需要预先除去水蒸气的常用吸附剂。因此适于吸附非极性物质，而对极性物质的吸附能力较差。

二、活性炭负载型杂多酸

把杂多酸分子固载到活性炭上是克服 HPA 缺点的较好方法之一[12~15]。活性炭因其具有非常高的比表面积和良好的稳定性，因而被广泛用作催化剂的载体。

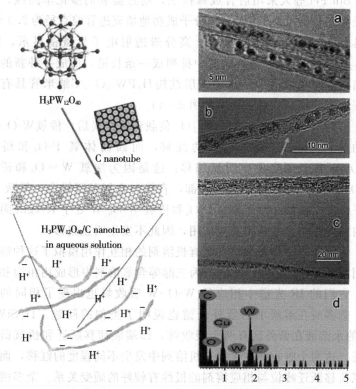

图 3 - 4　填充 $H_3PW_{12}O_{40}$ 分子的碳纳米管在水溶液中稳定分散示意图（左）
及其 HRTEM 照片（a 和 b，箭头标记为管壁上的口）、
TEM 照片和相应的 EDS 图（c 和 d）

Fig. 3 - 4　Stable dispersion of carbon nanotubes filled with $H_3PW_{12}O_{40}$
molecules in aqueous solution system and HRTEM （a and b）、
TEM、EDS （c and d）images

　　Izumi 等把活性炭浸渍于高浓度的 Keggin 型磷钨酸溶液后干燥，研究其酸催化性能，结果表明活性炭与磷钨酸间存在很强的亲和力，该复合材料具有稳定性高和磷钨酸不溶脱等特点[16]。此类

催化剂从炭载体上向体系的渗漏很小，但杂多酸的酸强度大大降低。Bin Fei 等人采用后合成嫁接法，通过温和的湿化学路线，把直径为 1.2 nm 的 $H_3PW_{12}O_{40}$ 分子成功地填充进管腔直径为 2.0 nm 且具有入口的碳纳米管中。[17] 高分辨透射电子显微镜显示，$H_3PW_{12}O_{40}$ 分子在碳纳米管管腔中排列成一条长链，形成一种新的夹层结构。在水溶液中，这些夹层结构 $H_3PW_{12}O_{40}$/C 纳米管具有比纯碳纳米管更高的离子性质（图 3-4）。

王新平等[18] 发现，$H_3PW_{12}O_{40}$ 负载到活性炭后，桥氧 W-O_c-W 振动紫移，端氧 W＝O_d 振动红移，而四面体氧 P-O_a 和桥氧 W-O_b-W 振动则未发生明显偏移。这是因为端氧 W＝O_d 和桥氧 W-O_c-W 处于 Keegin 阴离子外部，直接与含氧基团键合，导致 IR 特征峰发生偏移。四面体氧 P-O_a 和桥氧 W-O_b-W 处于 Keegin 阴离子内部，不与含氧基团直接作用，因此不发生明显偏移。

他们还通过杂多酸与含氧有机溶剂的相互作用模拟了这种键合作用。$H_3PW_{12}O_{40}$ 在苯乙酮、丙三醇等含氧溶剂中形成均相饱和溶液，它们的 IR 光谱中相应的 W-O_c-W 吸收峰也出现了相同的紫移。杂多酸在溶液中的紫外光谱也说明了类似的问题。$H_4SiW_{12}O_{40}$ 的水溶液在紫外区有两个吸收峰，即端氧荷移跃迁和桥氧荷移跃迁。这两个吸收峰在含氧有机溶剂中发生不同程度的红移，而且端氧荷移跃迁峰位与相应溶剂的极性有较好的顺变关系。杂多酸在含氧有机溶剂中的红外和紫外光谱证实了杂多酸与活性炭表面含氧基团存在化学键合作用。

杂多酸在活性炭上的吸附是一个非常复杂的过程。单分子吸附的本质是杂多酸与载体表面含氧基团的化学键合作用。由于同时具有化学吸附和物理吸附作用，在应用过程中应注意催化剂内部结构与外部性能的统一，即化学吸附的牢固性和物理吸附的高催化活性的统一。活性炭负载的杂多酸催化剂比表面积大，催化性能温和，对环境无污染，易于回收利用，具有广阔的工业化应用前景，但要真正实现工业化，还需要大量的基础研究工作。

第二节 二氧化硅负载型杂多酸

一、纳米二氧化硅的结构与性质

1. 纳米二氧化硅的结构

纳米二氧化硅，无定形结构，由 Si 原子为中心，O 原子为顶点所形成的四面体不规则堆积而形成，其表面上的 Si 原子无规则排列，连在 Si 原子上的羟基非等距，参与化学反应时也不完全等价。纳米二氧化硅表面上有三种羟基，一是孤立的、未受干扰的自由羟基；二是连生的、彼此形成氢键的缔合羟基；三是双生的，即两个羟基连在一个 Si 原子上的羟基。孤立的和双生的羟基都没有形成氢键。纳米二氧化硅的表面结构如图 3 - 5 所示[19]。

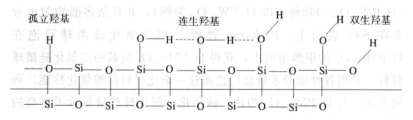

图 3 - 5　纳米二氧化硅的表面结构图

Fig. 3 - 5　Surface frame of the nano-silica

2. 纳米二氧化硅的性质

纳米二氧化硅是一种轻质的多孔纳米材料，是一种无毒、无味、无污染的无机非金属材料，呈絮状和网状的准颗粒结构，为球形，具有比表面积大、密度小和分散性能好等特性。纳米 SiO_2 微粒由于只有几个纳米到几十个纳米，因而，它所表现出来的小尺寸效应和表面界面效应使其具有与常规的块体及粗颗粒材料不同的特殊光学特性。纳米 SiO_2 具有较强的紫外吸收、红外反射特性。经分光光度仪测试表明，它对 400 nm 波长以内的紫外光吸收率高达

70％以上，对波长 800 nm 以外的红外光反射率也达 70％以上。同时其在催化剂和催化剂载体方面具有潜在的应用价值。因此纳米 SiO_2 不仅是重要的半导体材料，而且在塑料、橡胶、涂料、陶瓷、颜料、密封胶、化妆品、光电材料、药物载体和杀菌剂中占据着越来越重要的地位。[20-22]

二、二氧化硅负载型杂多酸

纳米 SiO_2 材料是目前研究和应用最广泛的载体之一。SiO_2 负载型多金属氧酸盐主要是指以下两类：一类是利用传统浸渍法将 POM 通过静电作用而吸附在无孔道的无定形硅胶的表面上所得到的产物。Kozhevnikov 和 Lefebvre 等[23-25]人研究发现，采用浸渍法将低于 20％的杂多酸负载到硅胶载体上时，多酸中的 H^+ 与硅胶表面的硅醇键（$\equiv Si-OH$）发生化学作用，形成（$\equiv Si-OH_2^+$）（$H_2PW_{12}O_{40}^-$）物种（以 $H_3PW_{12}O_{40}$ 为例），并且杂多酸均匀地分布在 SiO_2 表面上。Baskaran 教授[26]用二氧化硅微球浸泡在 $H_3PMo_{12}O_{40}$ 的甲醇溶液中，获得 $H_3PMo_{12}O_{40}$ 负载的二氧化硅微球材料，并用各种酯的水解反应监测这一杂化材料的酸催化性能。研究发现，与 $H_3PMo_{12}O_{40}$ 相比，该杂化二氧化硅材料显示了更高的催化活性和选择性。

采用传统浸渍法合成的 POM/SiO_2 复合材料存在的主要问题是：杂多酸与 SiO_2 结合得不牢固，易从 SiO_2 上脱落下来，使杂多酸在反应过程中流失掉。[27-32]

另一类是采用溶胶－凝胶技术制备的二氧化硅负载型多金属氧酸盐。1995 年 Izumi 等[33,34]首次提出利用溶胶－凝胶方法合成微孔硅质键合的杂多酸，即 $H_3PW_{12}O_{40}$/SiO_2。我们课题组利用溶胶－凝胶（sol-gel）技术制备出了 $H_4SiW_{12}O_{40}$/SiO_2、$Na_4W_{10}O_{32}$/SiO_2 和 $Cs_xH_{3-x}PW_{10}V_2O_{40}$/$SiO_2$（x ＝ 0、1、2.5、4 和 5），并对实验条件进行了改进[34-37]，所生成的具有微孔结构的复合材料

POM/SiO$_2$（图 3 - 6），其平均孔径约为 0.55～0.65 nm，BET 比表面积在 350～1000 m^2/g 之间。Keggin 单元与 SiO$_2$ 网络之间的相互作用是酸碱和氢键作用而不是简单的物理作用。由于该材料具有微孔结构，可以使催化反应在孔道内进行，因此催化活性有了很大的提高。研究表明：POM/SiO$_2$ 催化剂对酯化、H$_2$O$_2$ 氧化苯甲醇、异丁烯水合、乙酸乙酯水解和苯甲酸乙酯水解等酸催化反应都具有较高的活性，并且明显高于树脂 Amberlyst-15 和沸石 H-ZSM-5 的活性。但是由于载体 SiO$_2$ 本身无光催化活性，所以该类催化剂的光催化活性受到一定的限制。

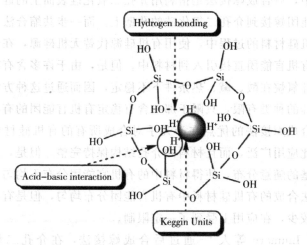

图 3 - 6　微孔 H$_3$PW$_{12}$O$_{40}$/SiO$_2$ 复合物中，Keggin 单元与 SiO$_2$ 网络之间的相互作用

Fig. 3 - 6　The interaction of Keggin units and the SiO$_2$ network in the H$_3$PW$_{12}$O$_{40}$/SiO$_2$ microporous composite

三、有机硅负载型杂多酸

在介孔二氧化硅孔道内引入有机官能团，在保持介孔结构的同时，还可以改善孔道界面的疏水性，其界面性质通过改变有机官能团的种类和担载量进行调控。更重要的是，有机官能团的引入不仅

可以对介孔二氧化硅的表面性质（亲/疏水性）和孔径进行调控，而且可以作为新的活性中心，赋予介孔二氧化硅新的功能。[38]介孔二氧化硅分子筛有机改性后，其疏水性大大改善，水热稳定性明显提高，功能性进一步加强。[39]疏水性和水热稳定性的提高有利于介孔二氧化硅分子筛直接参与有水相的有机反应。有机官能化的介孔二氧化硅作为一种新型的有机硅（organosilica）材料是当前研究的热点之一。

有机官能团可以通过后合成嫁接或一步共缩合的方法引入介孔二氧化硅表面或骨架内部，形成表面结合型和桥键型两类有机硅材料。其中，后合成嫁接法是指利用介孔二氧化硅表面上的硅羟基将有机官能团嫁接到介孔二氧化硅的孔壁上。而一步共缩合法是指在合成有机硅材料的过程中，使用有机硅源代替无机硅源，在合成过程中将有机官能团直接引入到材料中。但是，由于许多含有有机官能团的硅氧烷在酸、碱、热条件下不稳定，因而通过这种方法得到的有机硅的种类有限，只限于那些含有稳定有机官能团的有机硅氧烷。后合成嫁接法的优点在于几乎对合成所有的有机硅材料都适用，因此应用广泛，而且材料的介孔结构保持完整。但是，由于表面硅羟基的随意分布，使得材料中的有机官能团分布不均匀。一步共缩合法合成的有机硅材料中有机官能团分布均匀，但是有机硅源的种类较少，在应用上受到了一定限制。

Kei Inumaru 等人[40]通过后合成嫁接法，在介孔二氧化硅 SBA-15 中首先引入辛基和 3-氨丙基有机官能团，然后再引入 $H_3PW_{12}O_{40}$ 分子制备出 $H_3PW_{12}O_{40}/C_8/AP/SBA-15$ 复合材料（图 3-7）。$H_3PW_{12}O_{40}/C_8/AP/SBA-15$ 在水相中对于乙酸乙酯的水解反应与其他均相或非均相酸催化剂相比均显示出了更高的催化活性。并且通过 XRD 表征结果发现，与载体 SBA-15 相比，修饰后的催化剂 $H_3PW_{12}O_{40}/C_8/AP/SBA-15$ 的小角 X 射线衍射强度略有下降。这可能是因为它们的孔壁之间和介孔区域之间的 X 射线散射因素不同，并且，修饰后的孔尺寸比没修饰的孔尺寸要小。

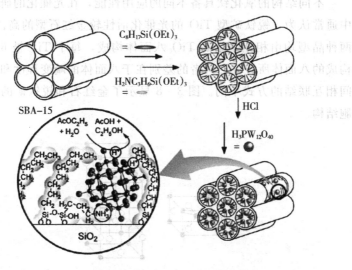

图 3 - 7 $H_3PW_{12}O_{40}/C_8/AP/SBA$-15 催化剂的结构和制备过程示意图

Fig. 3 - 7 Structure and preparation process of $H_3PW_{12}O_{40}/C_8/AP/SBA$-15

第三节 二氧化钛负载型杂多酸

一、TiO₂ 的晶体结构与性质

1. TiO₂ 的晶体结构

TiO₂ 在自然界中存在板钛矿相、锐钛矿相和金红石相三种结晶形态。板钛矿属于正交晶系，而锐钛矿和金红石均属四方晶系。一般情况下，板钛矿在自然界很稀有，是不稳定的晶型，在 650℃ 可转变为锐钛矿。锐钛矿和金红石则较容易合成，锐钛矿约在 915℃ 转变为金红石。有关研究表明，结构转变温度与 TiO₂ 颗粒大小、掺杂情况及制备方法有关。颗粒愈小，转变温度愈低，锐钛矿

型纳米 TiO_2 向金红石型转变的温度甚至可低于 600℃。[41]

不同结构的氧化钛具备不同的应用性能，在光催化的研究报道中通常认为，锐钛矿型 TiO_2 的光催化活性较金红石型的高。[42,43] 这两种晶型均由相互联结的 TiO_6 八面体构成，每个 Ti^{4+} 被 6 个 O^{2-} 构成的八面体所包围，两者的差别在于八面体的畸变程度和八面体间相互联结的方式不同。图 3 - 8 显示了金红石和锐钛矿的单元晶胞结构。

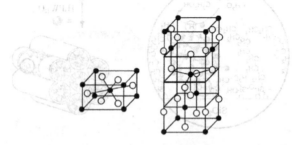

图 3 - 8　TiO_2 的金红石（左）和锐钛矿（右）晶体结构图

Fig. 3 - 8　Crystal structure diagram of TiO_2 rutile (left) and anatase (right)

锐钛矿型的八面体呈明显的斜方晶畸变，而金红石型的八面体不规则，微显斜方晶，其对称性高于前者。锐钛矿型的 Ti-Ti 键距（3.79Å，3.04Å）比金红石型（3.57Å，2.69Å）的大，而 Ti-O 键距（1.934Å，1.980Å）则小于金红石型（1.949Å，1.980Å）。金红石型中的每个八面体与周围两个共边、八个共顶角的 10 个八面体相连，而锐钛矿型中的每个八面体与周围四个共边、四个共顶角的 8 个八面体相连。这些结构上的差异导致两种晶型有不同的质量密度及电子能带结构，锐钛矿型的质量密度（3.894 g/cm³）略小于金红石型（4.250 g/cm³），带隙（3.2 eV）略大于金红石型（3.0 eV）。金红石型 TiO_2 对 O^{2-} 的吸附能力较差，比表面积较小，因而光生电子和空穴容易复合，故催化活性受到影响。

2. 电子性质

可以通过多种理论方法和实验技术来研究 TiO_2 的电子性质。[44-46] TiO_2 是 n 型半导体，该半导体低能导带边由空的 Ti^{4+} d 带形成，价带上边缘由 O^{2-} 填充 pπ 带形成。金红石和锐钛矿的间接电子跃迁的带隙能分别为 3.0 eV 和 3.2 eV。[47,48] 除了带隙能，催化剂的氧化还原电位的相对位置对 TiO_2 的诸多应用来说是十分重要的（图 3-9）。价带的氧化还原电位越正，导带的氧化还原电位越负，则光生电子和空穴的氧化及还原能力就越强，价带或导带的离域性越好，光生电子或空穴的迁移能力越强，越有利于发生氧化还原反应，从而使光催化降解有机物的效率大大提高。例如，对于光分解水的催化剂来说，半导体材料导带位置应高于 H^+/H_2 的氧化还原电位，价带的位置应低于 H_2O/O_2 的氧化还原电位。因此，发生光解水的反应的催化剂必须具有合适的导带和价带位置，与其他氧化物相比，TiO_2 满足这些最基本要求。

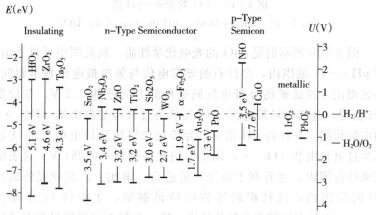

图 3-9　不同氧化物的电子能带结构和相对带边位置

Fig. 3-9　Electronic band structure and relative band edge position of the different oxides

3. 光电化学性质

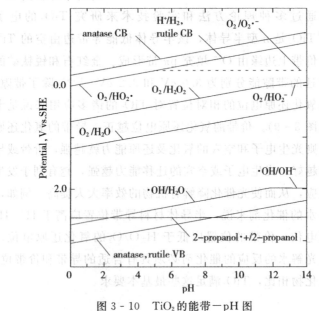

图 3 - 10 TiO₂ 的能带－pH 图

Fig. 3 - 10 Energy band – pH diagram of the TiO₂

图 3 - 10 所示的是 TiO₂ 的光电化学性质。从此图中可以看出，在 pH 0～14 范围内，金红石的导带电位与氢电极电位基本相同，与之相比，锐钛矿的导带电位向更负的方向迁移 0.2 V。在较低 pH 值时，金红石导带电位与 O₂ 还原为过氧羟基自由基（HO₂·）的电位相同，在较高 pH 值时，导带电位继续变得更负，而 O₂ 还原为过氧自由基（O₂⁻·）的电位仍然保持在 －0.284 V。这表明在碱性范围内，更有利于该过程的进行。事实上，在较宽的碱性 pH 值范围内，锐钛矿的导带电位足够负，才能将 O₂ 还原为 O₂⁻·，这与它的较高光催化活性一致。金红石和锐钛矿两者的价带电位相同，价带足够正才能产生 OH· 自由基（低 pH 值）或 O₂⁻· 自由基。原则上在酸性 pH 范围内，价带电位只有足够正才能将异丙醇氧化为阳离子自由基。

金红石和锐钛矿的价带电位必须足够正才能氧化 H_2O，在所有 pH 范围，其氧化电位应至少大于 1.8 V。光催化反应的电位应远大于氧化水的电位，例如，产生 OH·自由基反应和空穴直接氧化有机物反应的电位大于分解水的电位。

二、二氧化钛负载型杂多酸

TiO_2 本身具有优异的光催化活性，被用作杂多酸催化剂的载体是一种非常理想的材料。将杂多酸与 TiO_2 两者复合，不仅解决了杂多酸易溶于水、比表面积小、易失活的问题，同时也解决了 TiO_2 光生载流子易复合的问题。因此近年来二氧化钛负载型杂多酸的研究，成为人们关注的热点。

李莉[49]采用非离子表面活性剂（Brij-76）作为模板剂，通过溶胶－凝胶－程序升温溶剂热一步合成法制备了复合孔材料 $H_6P_2W_{18}O_{62}/TiO_2$（Brij-76）。从复合材料的扫描电镜（图 3-11）中可以看出，表面具有分布比较均匀的孔结构，这表明在合成过程中，Brij-76 在 $H_6P_2W_{18}O_{62}/TiO_2$ 凝胶内形成胶束，萃取后，Brij-76 被萃出，从而形成了大小相近的孔。均匀孔结构的存在可以增大反应分子的接触面积，同时，增强了催化剂 $H_6P_2W_{18}O_{62}/TiO_2$ 对有机分子的吸附作用，使有机分子进入到孔的内部，从而有利于催化活性的提高。

李莉以一氯苯作为模型污染物，考查了复合材料的光催化活性。光催化结果表明：$H_6P_2W_{18}O_{62}/TiO_2$（Brij-76）对一氯苯的降解能力明显高于锐钛矿型 TiO_2 和 $H_6P_2W_{18}O_{62}$。她认为产生这一现象的原因主要有三个：一是 $H_6P_2W_{18}O_{62}$ 对 TiO_2 部分掺杂，两者之间的协同作用延长了光生电子（e^-）和光生空穴（h^+）的分离时间，从而提高了催化剂的催化活性；二是该合成方法使催化剂的表面积显著增大，同时非离子表面活性剂 Brij-76 的使用，使催化剂孔结构明显改善，孔径分布变窄，且更加均匀，对一氯苯的选择性吸附作用增强，减弱了水分子竞争作用的影响，进一步提高了复合

材料 $H_6P_2W_{18}O_{62}/TiO_2$ （Brij-76）的催化活性；三是 $H_6P_2W_{18}O_{62}$ 的强酸性也抑制了复合材料粒子间的团聚，并且使复合产物的表面酸性显著增强，而酸性有利于有机分子的降解和矿化。

马凤延[50]通过一步溶胶－凝胶共缩合的方法结合溶剂热技术，制备了单缺位 Keggin 结构多酸官能化的 TiO_2 基复合光催化剂 $K_7PW_{11}O_{39}/TiO_2$。从透射电镜（图 3 - 12）中可以看出，制备的纯 TiO_2 和 $K_7PW_{11}O_{39}/TiO_2$ 复合材料均为球形粒子，其尺寸约为 10 nm。材料的选区电子衍射（SAED）图证明了 $K_7PW_{11}O_{39}/TiO_2$ 复合材料的锐钛矿相结构，从内到外的衍射环对应于锐钛矿的（101）、（004）、（200）、（105/211）和（204）衍射晶面（图 3 - 12B 中插图）。同时通过罗丹明 B 和内分泌干扰物邻苯二甲酸二乙酯为模型污染物，研究了在模拟太阳光条件下 $K_7PW_{11}O_{39}/TiO_2$ 的光催化性能，研究结果表明 $K_7PW_{11}O_{39}/TiO_2$ 的光催化活性明显高于 TiO_2。

图 3 - 11　合成产物的 SEM 照片

Fig 3 - 11　SEM of the photocatalytic materials (A) TiO_2,

(B) $H_6P_2W_{18}O_{62}/TiO_2$ （Brij-76）

马凤延根据 FT－IR，XPS 和 XRD 测试结果推测，对于 $K_7PW_{11}O_{39}/TiO_2$ 复合材料来说，初始 $PW_{11}O_{39}{}^{7-}$ 是 $PW_{12}O_{40}{}^{3-}$ 的单

缺位衍生物，从饱和的 $H_3PW_{12}O_{40}$ 结构除去一个钨氧八面体导致阴离子电荷增加和电荷的定域性增强。[51,52]因此，$PW_{11}O_{39}^{7-}$ 具有更高的亲核性，从而更易与亲电基团反应；此外，TTIP 在酸性条件下水解和缩合产生 $(OH)_{4-n}Ti(OTi)_n$（n＝1～4）物种，该物种构成了 TiO_2 网络结构，此网络结构表面的≡Ti–OH 基团具有亲电性。因此，两个具有亲电性的≡Ti–OH 基团通过化学键连接到具有亲核性的 $K_7PW_{11}O_{39}$ 的表面，从而形成了 $K_7PW_{11}O_{39}/TiO_2$ 复合材料。在 $K_7PW_{11}O_{39}/TiO_2$ 复合材料中，$K_7PW_{11}O_{39}$ 与 TiO_2 网络结构中两个 TiO_4 单元连接，从而形成了一个缺位钨氧八面体。因此，$K_7PW_{11}O_{39}$ 中具有亲核性的端氧原子与具有亲电性的≡Ti–OH 基团通过形成 W–O–Ti 共价键使 $K_7PW_{11}O_{39}$ 中的端氧转化为桥氧。据此提出了 K_7 $PW_{11}O_{39}/TiO_2$ 复合材料的网络结构模型，见图3-13。

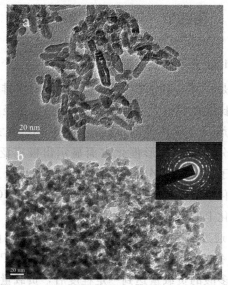

图3-12　纯 TiO_2（a）和 $K_7PW_{11}O_{39}/TiO_2$—13.6（b）复合材料的 TEM 照片

Fig. 3-12　TEM image composites of pure TiO_2（a）

and $K_7PW_{11}O_{39}/TiO_2$—13.6（b）

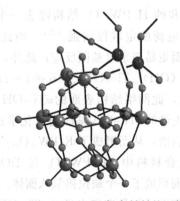

图 3 - 13　$K_7PW_{11}O_{39}/TiO_2$ 复合材料的网络结构图

Fig. 3 - 13　Network structure diagram of the $K_7PW_{11}O_{39}/TiO_2$ composite

第四节　其他负载型杂多酸

一、MCM-41 分子筛负载型杂多酸

MCM-41 是一类硅铝分子筛，其具有六方有序排列的孔道，孔径分布均匀，比表面积很大（1192 $m^2 \cdot g^{-1}$），孔径大小可因合成时加入的模板剂及合成条件的不同而在 15～100Å 之间调变。因此，MCM-41 分子筛在择形催化方面显示出极广泛的应用价值。将杂多酸嵌载于 MCM-41 分子筛表面，一方面可以更充分利用杂多酸的良好催化活性，另一方面也为利用分子筛 MCM-41 特有的孔径在择形催化上的优势。

关利国[53]通过水热合成的方法将磷钨酸和钼钨酸分别负载于 MCM-41 上制备光催化材料 HPW-MCM-41 和 HPMo-MCM-41，研究发现当杂多酸的负载量达到一定程度后，负载量的增大导致分子筛的孔结构变形，甚至坍塌，并且随着杂多酸负载量的提高，分子筛的比表面积和孔体积下降。在紫外光的照射下，以甲基橙为模型污染物，研究了两种光催化材料的活性，结果表明：HPW-

MCM-41 的光催化活性明显好于 HPMo-MCM-41。

二、Ta₂O₅ 负载型杂多酸

图 3 - 14　固载杂多酸 $H_3PW_{12}O_{40}/Ta_2O_5$ 的扫描电镜

Fig. 3 - 14　Field emission SEM image of the $H_3PW_{12}O_{40}/Ta_2O_5$

Jiang[54]采用 sol-gel 法再结合程序升温溶剂热法合成的复合光催化剂 $H_3PW_{12}O_{40}/Ta_2O_5$（图 3 - 14），由 SEM 等表征结果可见，$H_3PW_{12}O_{40}/Ta_2O_5$ 由纳米微球组成，表面形态呈单分散性，平均粒径为 25 nm 左右，并呈现出微孔结构（平均孔径分布在 1.15～1.91 nm）之间，比表面积远大于多酸。在紫外光和可见光照射下，$H_3PW_{12}O_{40}/Ta_2O_5$ 对水杨酸（SA）、对硝基苯酚（4-NP）以及 RB 的矿化效果十分显著。将此复合材料作为光催化剂可以在可见光的作用下对污水中的各种染料或农药实施有效的降解和矿化，显示了较高的稳定性和可循环性。

三、SBA-15 分子筛负载型杂多酸

Yang[55]等人使用非离子型表面活性剂 P123 为模板，通过一步共缩合沉淀法制备出具有二维六方有序介孔结构的 $H_3PW_{12}O_{40}/$ SBA-15 复合材料，从 $H_3PW_{12}O_{40}/SBA$-15 复合材料的 TEM 照片可以看出，该材料具有规则的二维六方孔道结构，且孔径大约为 5～6 nm（图 3 - 15）。

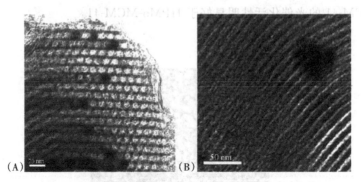

（A）电子束平行于孔道方向 （B）电子束垂直于孔道方向

图 3 - 15 H₃PW₁₂O₄₀/SBA-15 的透射电镜

Fig. 3 - 15 TEM images of the $H_3PW_{12}O_{40}$/SBA-15

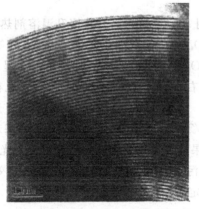

图 3 - 16 H₅PMo₁₀V₂O₄₀/APTS/SBA-15 的透射电镜

Fig. 3 - 16 TEM image of the $H_5PMo_{10}V_2O_{40}$/APTS/SBA-15

周琰[56]以表面硅氨基化的介孔 SBA-15 为载体，分别制备了磷钼钒杂多酸（$H_6PMo_9V_3O_{40}$，$H_5PMo_{10}V_2O_{40}$，$H_4PMo_{11}VO_{40}$）固载的催化剂，图 3 - 16 所示的是 $H_5PMo_{10}V_2O_{40}$/APTS/SBA-15 的透射电镜，从图中可以看到，硅氨基修饰和进一步的多酸负载没有破坏 SBA-15 的结构，依然保持 SBA-15 规整的六角孔道结构，并且常温常压下它们在乙醛氧化反应中具有较高的催化活性，易于回收，重复使用性能良好，有利于消除空气中乙醛的污染，可作为温和条件下，空气或氧气参与的醛类液固相氧化反应的催化剂。

本章参考文献

[1] Soled S，Miseo S，McVicker G. ，et al. *Preparation of bulk and supported heteropolyacid salts* [J]. Catal. Today，1997，36（4）：441—450.

[2] 朱洪法．催化剂载体 [M]．北京：化学工业出版社，1980.

[3] Guo Y，Wang Y，Hu C，et al. *Microporous polyo xometalates POMs/SiO₂ ：synthesis and photocatalytic degradation of aqueous organocholorinepesticides* [J]. Chem. Mater. ，2000，12（11）：3501—3508.

[4] Schroden R C，Holland B T，Melde B J，et al. *Direct systhesis of ordered macroporous silica materials func tionalized with polyoxometalate cluster* [J]. Chem. Mater. ，2001，13（3）：1074—1081.

[5] Izumi Y，Ono M，Hida T. *Acid catalysis of silica—included heteropolyacid in polar reaction media* [J]. Appl. Catal. A，1999，181（6）：277—282.

[6] Guo Y，Yang Y，Hu C，et al. *Preparation，characterization and photochemical properties of ordered macroporous hybrid silica materials based on monovacant Keggin-type polyoxometalates* [J]. Mater. Chem. ，2002，12（2）：3046—3052.

[7] Kozhevnilov I V，Kloetstra K R，Sinnema A，et al. *Study of catalysts comprising heteropoly acid H₃PW₁₂O₄₀ supported on MCM-41 molecular sieve and amorphous silica* [J]. J. Mole. Catal. A，1996，114（1）：287—298.

[8] 凯利，巴德．活性炭及其工业应用 [M]．北京：中国环境科学出版社，1990．

[9] 立本英机，安部郁夫．活性炭的应用技术 [M]．南京：东南大学出版社，2002．

[10] Jacues L. *The chemistry of carbonsurface* [J]. Fuel, 1998, 77 (6): 543—547.

[11] 冯孝庭．吸附分离技术 [M]．北京：化学工业出版社，2002．

[12] Oball Z, Dogu T. *Activated carbon-tungstophosphoric acid catalysts for the synthesis of tert-amyl ethyl ether* (*TAEE*) [J]. Chem. Eng. J. , 2008, 138: 548—555.

[13] Timofeeva M N, Matrosova M M, Reshetenko T V, et al. *Filamentous carbons as a support for heteropoly acid* [J]. J. Mol. Catal. A: Chem. , 2004 (211): 131—137.

[14] Chimienti M E, Pizzio L R, Cáceres C V, et al. *Tungstophosphoric and tungstosilicic acids on carbon as acidic catalysts* [J]. Appl. Catal. A: Gen. , 2001 (208): 7—19.

[15] Strano M S, Wyre J, Foley H C. *Novel heteropolyacid nanoporous carbon reactive barriers for supra-equilibrium conversion and in situ component separation* [J]. Ind. Eng. Chem. Res. , 2005, 44 (16), 6414—6422.

[16] Izumi Y, Urabe K. *Catalysis of heteropoly acids entrapped in activated carbon* [J]. Chem. Lett. , 1981 (5): 663—666.

[17] Fei B, Lu H, Chen W, et al. *Ionic peapods from carbon nanotubes and phosphotungstic acid* [J]. Carbon, 2006, 44: 2261—2264.

[18] 王新平，叶兴凯，吴越．杂多酸的固载化研究Ⅱ [J]．物理化学学报，1994，10 (4): 303—307．

[19] 郑丽华，刘钦甫，程宏飞. 白炭黑表面改性研究现状 [J]. 中国非金属矿工业导刊，2008 (1)：12—15.

[20] 徐国财，张立德. 纳米复合材料 [M]. 北京：化学工业出版社，2002.

[21] 王永康，王立. 纳米材料科学与技术 [M]. 杭州：浙江大学出版社，2003.

[22] 禹坤. 纳米二氧化硅的生产及应用现状 [J]. 现代技术陶瓷，2005 (4)：28—31.

[23] Kozhevnikov I V. *Catalysis by heteropoly acids and multicomponent polyoxometalates in liquid-phase reaction* [J]. Chem. Rev. , 1998 (98)：171—198.

[24] Lefebvre F. ^{31}P *MAS NMR study of* $H_3PW_{12}O_{40}$ *supported on silica：formation of* ($\equiv SiOH_2^+$) ($H_2PW_{12}O_{40}^-$) [J]. J. Chem. Soc. , 1992 (10)：756—757.

[25] Kozhevnilov I V, Kloetstra K R, Sinnema A, et al. *Study of catalysts comprising heteropoly acid* H_3 PW_{12} O_{40} *supported on MCM-41 molecular sieve and amorphous silica* [J]. J. Mole. Catal. A, 1996, 114 (1)：287—298.

[26] Kumar G, Baskaran S. *A facile, catalytic and environmentally benign method for chemoselective deprotection of-OTBDMS either by PMA supported on Silica gel* [J]. J. Org. Chem. , 2005 (70)：4520—4523.

[27] Vázquez P, Pizzio L, Romanelli G, et al. *Mo and W heteropolyacid based catalysts applied to the preparation of flavones and substituted chromones by cyclocondensation of o-hydroxyphenyl aryl* 1, 3-*propanediones* [J]. Appl. Catal. A：Gen. , 2002, 235 (1—2)：233—240.

[28] Liu Q Y, Wu W L, Wang J, et al. *Characterization of* 12 - *tungstophosphoric acid impregnated on mesoporous silica*

SBA－15 *and its catalytic performance in isopropylation of naphthalene with isopropanol* [J]. Micropor. Mesopor. Mater., 2004, 76 (1－3): 51－60.

[29] Farhadi S , Afshari M, Maleki M, et al. *Photocatalytic oxidation of primary and secondary benzylic alcohols to carbonyl compounds catalyzed by* $H_3PW_{12}O_{40}/SiO_2$ *under an* O_2 *atmosphere* [J]. Tetra. Lett. , 2005, 46 (49): 8483 －8486.

[30] Sawant D P, Vinu A, Jacob N E, et al. *Formation of nanosized zirconia-supported 12-tungstophosphoric acid in mesoporous silica SBA-15: A stable and versatile solid acid catalyst for benzylation of phenol* [J]. J. Catal. , 2005, 235 (2): 341－352.

[31] Misono M. *Heterogeneous catalysis by heteropoly compounds of molybdenum and tungsten* [J]. Catal. Rev. Sci. Eng. , 1987, 29 (2－3): 269－321.

[32] Guo Y, Hu C, Wang X, et al. *Microporous Decatungstates: Synthesis and Photochemical Behavior* [J]. Chem. Mater. , 2001, 13 (11): 4058－4064.

[33] Izumi Y, Ono M, Kitagawa M, et al. *Silica-included heteropoly compounds as solid acidcatalysts* [J]. Micropor. Mater. , 1995, 5 (4): 255－262.

[34] Izumi Y, Hisano K, Hida T. *Acid catalysis of silica-included heteropolyacid in polar reactionmedia* [J]. Appl. Catal. A: Gen. , 1999, 181 (2): 277－282.

[35] Guo Y, Hu C, Wang X, et al. *Microporous Decatungstates: Synthesis and Photochemical Behavior* [J]. Chem. Mater. , 2001, 13 (11): 4058－4064.

[36] Guo Y, Li D, Hu C, et al. *Photocatalytic degradation of*

aqueous organocholorine pesticide on the layered double hydroxide pillared by Paratungstate A ion, $Mg_{12} Al_6 (OH)_{36} (W_7 O_{24})$ • $4H_2O$ [J]. Appl. Catal. B: Environ. , 2001, 30 (3—4): 337—349.

[37] Peng G, Wang Y, Hu C, et al. Hereropolyoxometalates which are included in microporous silica, $Cs_x H_{3-x} PMo_{12} O_{40} / SiO_2$ and $Cs_y H_{3-y} PMo_{10} V_2 O_{40} / SiO_2$ as insoluble solid bifunctional catalysis: synthesis and selective oxidation of benzyl alcohol in liquid-solid systems [J]. Appl. Catal. A: Gen. , 2001, 218 (1—2): 91—99.

[38] Fujita S, Inagaki S. Self-organization of organosilica solids with molecular-scale and mesoscale periodicities [J]. Chem. Mater. , 2008, 20 (3): 891—908.

[39] Melero J A, Grieken R, Morales G. Advances in the synthesis and catalytic applications of organosulfonic-functionalized mesostructured materials [J]. Chem. Rev. , 2006, 106 (9): 3790—3812.

[40] Inumaru K, Ishihara T, Kamiya Y, et al. Water-tolerant, highly active solid acid catalysts composed of the keggin-type polyoxometalate $H_3 PW_{12} O_{40}$ immobilized in hydrophobic nanospaces of organomodified mesoporous silica [J]. Angew. Chem. Int. Ed. , 2007, 46: 7625 —7628.

[41] Ghicov A, Albu S P, Hahn R, et al. TiO_2 nanotubes in dye-sensitized solar cells: critical factors for the conversion efficiency [J]. Chem. Asian J. , 2009, 4 (4): 520—525.

[42] 高镰, 郑珊, 张青红, 等. 纳米氧化钛光催化材料及应用 [M]. 北京: 化学工业出版社, 2002.

[43] Keichi T. Efect of crystallinity of TiO_2 on its photocatalyti-caction

[J]. Chem. Phys. Lett. , 1991, 187 (1-2): 73-76.

[44] Brydson R, Williams B, Engel W, et al. *Electron energy-loss spectroscopy (EELS) and the electronic structure of titanium dioxide* [J]. Solid State Commun. , 1987, 64 (4): 609-612.

[45] Luca V, Djajanti S, Howe Russell. *Structural and electronic properties of sol-gel titanium oxides studied by X-ray absorption spectroscopy* [J]. J. Phys. Chem. B, 1998, 102 (52): 10650-10657.

[46] Asahi R, Taga Y, Mannstadt W, et al. *Electronic and optical properties of anatase* TiO_2 [J]. Phys. Rev. B, 2000, 61 (11): 7459-7465.

[47] Tang H, Berger H, Schmid P, et al. *Photoluminescence in* TiO_2 *anatase single crystals* [J]. Solid State Commun. , 1993, 87 (9): 847-850.

[48] Pascual J, Camassel J, Mathieu H. *Fine structure in the intrinsic absorption edge of* TiO_2 [J]. Phys. Rev. B, 1978, 18 (10): 5606-5614.

[49] 李莉. 高效复合光催化材料的设计制备及其催化性能的研究 [D]. [博士学位论文], 2009.

[50] 马凤延. TiO_2 基复合光催化材料的设计制备及其性能研究 [D]. [博士学位论文], 2012.

[51] Müller A, Peters F. *Polyoxometalates: very large clusterss-nanoscale Magnets* [J]. Chem. Rev. , 1998, 98 (239): 271.

[52] Dolbecq A, Dumas E, Mayer C D, et al. *Hybrid organic-inorganic polyoxometalate compounds: from structural diversity to applications* [J]. Chem. Rev. , 2010, 110 (10): 6009-6048.

[53] 关国利. 负载型杂多酸催化剂的制备、表征及光催化降解水

中有机染料的研究 [D]. [硕士学位论文]，2011.

[54] Jiang S，Guo Y，Wang C，et al. *One-step sol-gel preparation and enhanced photocatalytic activity of porous polyoxometalate-tantalum pentoxide nanocomposites* [J]. J. Col. Inter. Sci.，2007，308 (1)：208—215.

[55] Yang L，Li J，Yuan X，et al. *One step non-hydro desulfurization of fuel oil: Catalyzed oxidation adsorption desulfurization over HPWA-SBA-15* [J]. J. Mol. Catal. A：Chem.，2007 (262)：114—118.

[56] 周琰. 介孔材料为载体的杂多酸催化剂的制备、表征及在非均相催化反应中的应用 [D]. [博士学位论文]，2007.

第四章 二氧化钛负载型多酸在降解环境内分泌干扰物中的应用

引 言

目前，半导体 TiO_2 在有机污染物净化方面的突出优势，已经引起了人们广泛的关注。[1-3] 然而将 TiO_2 基的高效光催化材料用于太阳光光催化降解大气或水中有机污染物仍然存在许多尚未解决的问题。[4,5] TiO_2 作为一种宽带隙的半导体（3.2 eV），只能吸收太阳光中小部分紫外光（3%~5%），可见光利用率低，从而导致太阳光诱导的 TiO_2 光催化过程的效率比较低；[6] 另外，由于光生电子—空穴（h^+-e^-）的快速复合，TiO_2 的量子效率非常低。[7,8] 为克服上述两个缺点，人们已经致力于设计新型具有较高光催化效率的 TiO_2 基光催化剂，试图将 TiO_2 的光谱响应范围扩展到可见区或者减小 h^+-e^- 的复合几率。目前，大量的研究正尝试通过 TiO_2 的晶体生长去控制 TiO_2 的晶相、形貌、晶格缺陷、粒子尺寸和结晶度[9,10]；通过金属或非金属掺杂以改进 TiO_2 的电子结构[11-14]；通过多种半导体耦合促使 h^+-e^- 对的分离或者改进其电子结构[15-17]。

$H_3PW_{12}O_{40}$（十二钨磷酸）是一种在均相酸催化和光催化反应中广泛应用的多酸，它是一种具有确定 Keggin 结构的超强 Brönsted 酸和有效电子捕获体。[18-23] $H_3PW_{12}O_{40}$ 与半导体光催化剂具有相似的电子属性，因此它们的光化学特性也非常相似。但十二钨磷酸是强 Brönsted 酸，极易溶解在极性溶剂里，使催化剂的回收无法进行。再者十二钨磷酸的比表面积很低（1~10 m^2/g），严重地影响了催化剂的活性。因此，如果将十二钨磷酸负载到各种载体上，可以提高复合材料的可分离性，有效抑制电子—空穴的复合。所以目前研究新型的固载型的多酸，以便获得大的比表面积、不溶于水、易分离、不泄漏、可重复使用并且有较高光化学活性的复合材料是杂多酸光催化化学的热点问题。

本章采用溶胶—凝胶结合程序升温溶剂热处理方法制备了不同 $H_3PW_{12}O_{40}$ 担载量的 $H_3PW_{12}O_{40}/TiO_2$ 复合材料。在模拟太阳光条件下，以环境内分泌干扰物（酞酸酯）为模型污染物，对复合材料的光催化活性进行评价。酞酸酯（PAEs）主要用作增塑剂、农药载体、驱虫剂、香味剂和化妆品等。常使用的酞酸酯类化合物约有 14 种，其中 6 种被美国国家环保局（EPA）列为优先污染物，这 6 种 PAEs 分别为：邻苯二甲酸二甲酯（DMP）、邻苯二甲酸二乙酯（DEP）、邻苯二甲酸正丁酯（DBP）、邻苯二甲酸丁基卡基酯（BBP）、邻苯二甲酸二正辛酯（BOP）、邻苯二甲酸双（2—乙醛己基）酯（DEHP）。DMP、DEP 和 DOP 这三种被我国列为优先监测污染物。[24] 目前世界上每年酞酸酯的生产量大约有 270 万吨，由于酞酸酯没有在材料内部与树脂形成共价键，而是以氢键或范德华力连接，容易从塑料向外环境释放，因此广泛存在于水体、土壤及空气中。[25] 同时人们不仅在水体中检出 PAEs，甚至在乳汁中、在塑料瓶装水中、在电话交换中心的空气中、在塑料包装食品中、在与塑料玩具接触时、在垃圾焚烧燃气中、野生动物体内也能检出。因此 PAEs 被人们称为"第二个全球性 PCB 污染物"，特别是对水环境的污染，已引起世界各国的注意。[26] 酞酸酯在自然环境中是一种非常稳定的化合物，由于存在苯羧基官能团和在波长大于 300 nm 时缺乏光响应，所以，这类化合物很难被生物降解或光降解。[27] 因此，对于这类污染物，急切需要寻找一种有效的处理方法。

第一节 酞酸酯废水处理方法的研究现状

一、环境中的酞酸酯污染

由于酞酸酯类化合物与塑料分子之间是以氢键或范德华力连接

的，因此随着时间的推移，容易释放到环境中，造成大气、水体和土壤的污染。从 20 世纪 70 年代开始，很多国家的研究人员已经在水体、大气、土壤、水体沉积物和生物体中检测出了 PAEs。

水中 PAEs 的主要来源是生产 PAEs 工厂排放的废水、固体废弃物的堆放和雨水淋洗以及 PVC 塑料的缓慢释放。由于 PAEs 在水中的溶解度很小，水环境中含量一般为 $\mu g/L$ 级，但它的溶解度高于有机氯代烃类，因此在水体中 PAEs 的含量比多氯联苯类高出 10～1000 倍。从表 4-1 中可以看出，在我国的主要水体中均检出 PAEs，其含量是 ppb 级。

表 4-1　国内水体中酞酸酯类化合物的检出情况[28]

Table 4-1　Detected conditions of PAEs in internal water environment

监测地点	检出物质	总浓度水平（$\mu g/L$）
长江河口区域	DEP	3.38
	DBP	
	DEHP	
黄河山西太原段	DBP	87.23
	DOP	
	DIBP	
黄河下游河段	DEP	3.99－45.45
	DBP	
	DMP	
	DOP	
	DEHP	
黄河兰州段	DBP	123.82
	DEHP	
珠江水域	DBP	280.76
	DEHP	

二、水相中酞酸酯类化合物的处理方法

1. 物理处理法

目前常用于处理水相中 PAEs 的物理方法主要有过滤、絮凝和吸附等。程爱华等研究人员通过采用纳滤技术处理水相中的 PAEs，发现纳滤技术可以有效地去除水中微量 PAEs，平均截留率在 90% 以上，而且压力、原水浓度、离子强度和 pH 值等因素对其截留行为有影响。[29]

Thebault 等研究了以碱性聚合氯化铝和氯化铁为絮凝剂，处理含 DEP 和 DBP 废水的机制，实验结果表明：氯化铁处理 PAEs 的效果不好。[30]

吸附法常采用活性炭、沸石等高比表面积的吸附剂或细菌等具有特殊功能的材料去除 PAEs。Venkata Mohan 等通过研究证明活性炭能够有效处理水相中的 DEP，当 DEP 的浓度为 0.5 mg/L 时，活性炭的吸附效率为 82.6%。同时 DEP 的初始浓度、pH 值、吸附剂的投加量等因素会影响吸附效果。[31]

Wang 等采用活的和失活的 Pseudomonas Fluorescents IFO 12055 细菌作吸附剂处理 DBP 废水，研究发现通过细菌的生物吸附也能有效地去除 DBP，但该菌对 PAEs 没有生化降解功能。[32]

Murai 等通过 β-环糊精（β-CD）的包合、吸附，除去了水溶液中的 PAEs，并证明 PAEs 与 β-CD 形成了等摩尔的包合络合物。而且 β-CD 的吸附能力是有选择性的，对碱金属和无机化合物不吸附，与长烷基链的 PAEs 形成的络合物疏水性更强、更稳定。该学者还认为 β-环糊精是比活性炭更好的吸附剂。[33]

虽然物理方法能有效去除水相中 PAEs，但只是由水相转移到固相，并没有将 PAEs 转化为无毒无害的产物，对环境依然有潜在的危险，或造成二次污染。

2. 生物降解法

国际上从 20 世纪 70 年代开始对环境中酞酸酯的生物降解进行研究，我国对环境中 PAEs 生物降解的研究较少。在天然环境中

PAEs 的消失主要靠生物降解反应，Hayashi 等在植物、石油和霉菌代谢产物中分别检出 PAEs，证明 PAEs 是生物化学过程的中间产物，可以在自然环境中天然形成，说明自然界存在能够降解 PAEs 的微生物。[34] Wang 等研究发现 90% 的 DMP 被降解需要用 3 d 时间，5 d 才能完全降解；DBP 经过 8 d 的时间才降解了 90%；而 DOP 在 8 d 内仅降解了 20%。[35] 可见酞酸酯的生物降解程度与烷基链的长度和分枝程度有关，烷基链越长，分枝越多，越难被降解。生物降解的速度与温度有关，20 ℃ 以下降解速率大大减小。[36]

Fang 等采用升流式厌氧污泥床（UASB）方法降解 600 mg/L 的 DMP 废水，有效地去除了超过 99% 的 DMP 和 93% 的 COD，在降解过程中首先产生邻苯二甲酸单甲酯（MMP），然后生成了邻苯二甲酸盐，最终被氧化成 CH_4 和 CO_2。[37] Matsui 等人使用 Serratia、Bigio 菌、Marcescens，对 DEP 和 DOP 进行生物降解，实验结果表明其主要降解产物均为邻苯二甲酸而不是完全降解为无机产物。[38]

目前，国内外学者针对酞酸酯的降解方法开展了大量研究。很多学者研究发现，生物降解法虽然是处理 PAEs 的主要途径，但生物处理效果有限，对于大分子量的 PAEs 更难以降解，而且生物降解会生成毒性很大的邻苯二甲酸单酯，对降解菌有负面影响。

3. 光化学降解法

光化学反应降解污染物的途径，主要有无催化剂和有催化剂参与两种。前者多采用臭氧和过氧化氢作为氧化剂，在紫外光的照射下使污染物氧化分解；后者又称为光催化氧化，一般可分为非均相和均相催化两种类型。[39] 非均相光催化降解中较常见的是在污染体系中加入半导体材料（如 TiO_2），同时结合一定量的光辐射，使降解体系产生 HO· 等氧化性极强的自由基，最后使污染物全部或接近全部矿化。均相光催化体系中常用的是 Fe^{2+} 或 Fe^{3+} 及 H_2O_2 体系，通过 Photo-Fenton 反应产生 HO· 自由基使污染物降解。

　　Xu 等研究了 UV/H_2O_2 体系光催化降解邻苯二甲酸二乙酯，实验结果表明：当紫外光或 H_2O_2 单独与 DEP 作用时，DEP 几乎不发生降解，只有在 UV/H_2O_2 体系中 DEP 才能被有效降解。而且光催化降解效率受紫外光强度、H_2O_2 浓度和 DEP 的初始浓度等因素的影响。当光强为 133.9 $\mu W/cm^2$，H_2O_2 的投加量为 20 mg/L 时，对于 1 mg/L 的 DEP 降解率超过 98.6%。[40]

　　胡晓宇研究了 UV/TiO_2/H_2O_2 光催化氧化体系降解五种酞酸酯的降解规律。研究结果表明：影响 PAEs 光催化氧化反应因素的顺序为 PAEs 初始浓度＞光照时间＞试液 pH＞H_2O_2 浓度＞TiO_2 浓度；PAEs 的光降解过程符合一级动力学方程；五种 PAEs 反应速率由大到小的顺序是 DOP＞DEHP＞DBP＞DEP＞DMP。[41]

　　近几年来，光催化氧化处理 PAEs 废水越来越受到人们的关注，尤其是 TiO_2 光降解技术。TiO_2 光降解技术的优点是：降解速度快，能将污染物完全矿化，能处理高浓度的污染物，不造成二次污染，不会直接使催化剂中毒，是一种绿色环保技术。所以利用 TiO_2 光催化降解 PAEs 污染物有着很好的发展前景。

第二节　复合材料的制备与光催化试验方法

一、二氧化钛负载型多酸的制备

　　样品 $H_3PW_{12}O_{40}$/TiO_2 的制备过程如下（合成路线见图 4-1）：将 2 mL 的四异丙氧基钛与 8 mL 异丙醇混合，搅拌均匀，得到 A 液。将不同剂量（30 mg，70 mg，100 mg，150 mg，240 mg）的 $H_3PW_{12}O_{40}$ 溶解在 2 mL 异丙醇中，超声 10 min，形成 B 液。将 B 液缓慢滴加到 A 液中，室温下搅拌 1 h，用浓盐酸调 pH=1~2，加 0.4 mL 的二次水继续搅拌直至生成水凝胶。将获得的水凝胶转移至反应釜中，程序升温至 150 ℃（2 ℃/min），保持 48 h，然后降至室温。将反应釜中的凝胶在 45℃真空中烘干，用二次水洗涤三次去除杂质，然后 45℃真空干燥，所获产物即为 $H_3PW_{12}O_{40}/TiO_2$。标记为 PW_{12}/TiO_2-x，其中 x 表示 $H_3PW_{12}O_{40}$ 的质量百分含量。

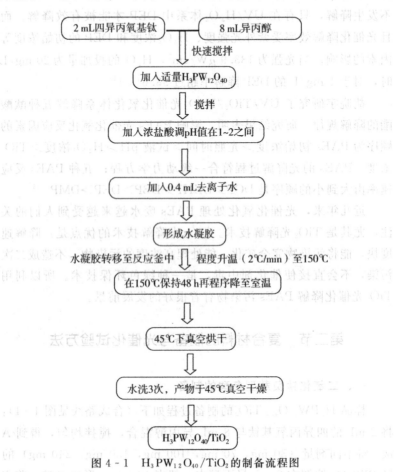

图 4 - 1 $H_3PW_{12}O_{40}/TiO_2$ 的制备流程图

Fig. 4 - 1 The preparation process of $H_3PW_{12}O_{40}/TiO_2$ composite

二、光催化降解实验

1. 光催化反应装置

光催化降解 PAEs（PAE = DBP，DEP 或 DMP）的反应在石

英反应器（图 4 - 2）中进行。该反应器的直径是 63 mm，与模拟太阳光的光斑大小一致。光源 PLS-SXE300 氙灯发射出 320～680 nm 波长的光，同自然界的太阳光有较好的吻合度，可作为模拟太阳光光源，其光谱图见 4 - 3。光源光强为 5 mW·cm^{-2}，光源距反应器的距离是 15 cm。

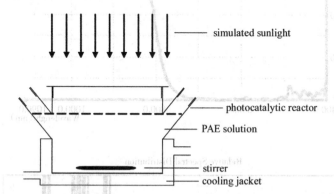

simulated sunlight

photocatalytic reactor

PAE solution

stirrer

cooling jacket

图 4 - 2　自制模拟太阳光体系光催化降解有机污染物反应器

Fig. 4 - 2　Self-made photocatalytic reactor for the degradation of aqueous organic contaminant in the simulated sunlight system

2. 光催化反应的步骤

配制 5 mg/L 的 PAEs 反应液 100 mL。向反应液中加入 100 mg 的 $H_3PW_{12}O_{40}/TiO_2$ 催化剂。将上述悬浮液超声 10 min，在无光照的条件下搅拌 30 min，使 $H_3PW_{12}O_{40}/TiO_2$ 复合材料与 PAEs 达到吸附－脱附平衡。开启光源，并在整个反应过程中不断搅拌，使 $H_3PW_{12}O_{40}/TiO_2$ 复合材料与 PAEs 充分接触。该反应体系是敞开的，以保证反应过程中有充足的氧气。每隔 30 min，取出一定量的反应液，经过离心、过滤后，测定 PAEs 的浓度。

水溶液中 PAEs（DBP，DEP 和 DMP）的浓度采用 Shimadzu LC-20A 高效液相色谱仪（HPLC）进行测定。测定条件：C_{18} 柱，紫外检测器（$\lambda = 227$ nm），流动相 80% 乙腈＋20% 水，流速 0.9 mL/min，室温，DMP、DEP 和 DBP 出峰时间分别为 4.2、5.2 和 11.3 min。

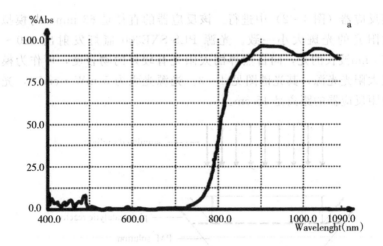

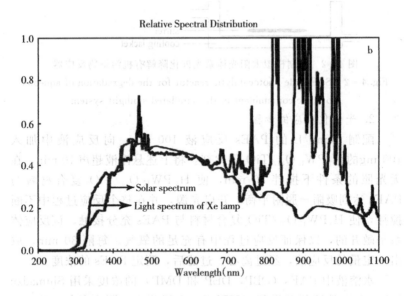

图 4 - 3 　(a) 红外光过滤谱图；(b) 氙灯（紫色）和太阳光（红色）光谱图

Fig. 4 - 3 　(a) Infrared filter spectrum；

(b) Xenon lamp（purple）and sunlight（red）spectrum

第三节　二氧化钛负载型多酸的表征

一、电感耦合等离子体－原子发射光谱分析

为了考查合成产物中 $H_3PW_{12}O_{40}$ 的担载量及复合材料的组成与结构，进行了电感耦合等离子体－原子发射光谱（ICP－AES）测试。测定前，样品用氢氟酸和硝酸溶解。分别测定了上述复合材料中 P、W 的含量，并计算了 $H_3PW_{12}O_{40}$ 在复合材料中的担载量，结果如表 4－2 所示。从表 4－2 中的数据可以看出，母体杂多酸 $H_3PW_{12}O_{40}$ 已经负载到 TiO_2 载体上，并且随着 $H_3PW_{12}O_{40}$ 理论投加量从 5％增加 30％，担载量也随之从 4.2％增加到 19.8％。通过对 P 与 W 的计量比计算发现：P：W≈1：12，说明母体 $H_3PW_{12}O_{40}$ 仍然存在于 $H_3PW_{12}O_{40}/TiO_2$ 复合材料中。

表 4－2　$H_3PW_{12}O_{40}/TiO_2$ 复合材料中 $H_3PW_{12}O_{40}$ 的担载量

Table 4-2　Loading of $H_3PW_{12}O_{40}$ in $H_3PW_{12}O_{40}/TiO_2$ composites

样品	P 的含量	W 的含量	$H_3PW_{12}O_{40}$ 的担载量
PW_{12}/TiO_2 －1	0.36	15.4	4.2％
PW_{12}/TiO_2 －2	0.84	33.6	9.1％
PW_{12}/TiO_2 －3	1.03	45.8	12.5％
PW_{12}/TiO_2 －4	1.64	68.4	18.1％
PW_{12}/TiO_2 －5	1.73	72.7	19.8％

二、X-射线粉末衍射分析

TiO_2 和不同 $H_3PW_{12}O_{40}$ 担载量（4.2％，9.1％，12.5％，18.1％，and 19.8％）的 $H_3PW_{12}O_{40}/TiO_2$（标记为 PW_{12}/TiO_2，下同）复合材料的 X-射线粉末衍射（XRD）检测结果如图 4－4。从图中可以看出，TiO_2 和 PW_{12}/TiO_2 复合材料主要是锐钛矿结构，衍射峰分别为 25.3°（101），37.8°（103，004，and 112），48.0°

(200)，54.4°（105，211），62.7°（204），68.8°（116），75.3°（215），82.5°（303）（JCPDS No. 21-1272）。在 2θ 为 25.3°（120，111）和 30.8°（121）（JCPDS No. 29-1360）处出现的弱衍射峰表明催化剂中有少量板钛矿晶相。形成少量的板钛矿结构可能是因为合成过程中温度（150 ℃）较低的原因。R. Carrera 等人[42] 的研究也证明了这一点。

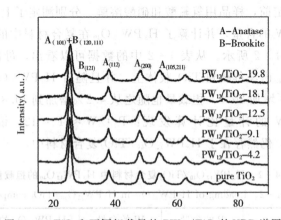

图 4 - 4　TiO₂ 和不同担载量的 PW₁₂/TiO₂ 的 XRD 谱图

Fig. 4 - 4　XRD patterns of pure TiO₂ and different loading

of PW₁₂/TiO₂ composites

样品的粒子尺寸由（101）衍射峰通过 Sherrer 公式进行计算：

$$D = 0.89\lambda/\beta \cos\theta$$

其中 D 表示粒子尺寸，λ 为 X 射线照射波长（铜靶为 0.154 nm），β 为半峰宽，θ 为衍射角。TiO₂、PW₁₂/TiO₂-4.2、PW₁₂/TiO₂-9.1、PW₁₂/TiO₂-12.5、PW₁₂/TiO₂-18.1 和 PW₁₂/TiO₂-19.8 样品的粒径分别为 9.6、9.0、8.6、8.0、7.6 和 7.0 nm，可以看出随着 H₃PW₁₂O₄₀ 投料量的增加，复合材料的粒径逐渐减小。这可能是由于 H₃PW₁₂O₄₀ 的加入，阻止了纳米粒子的聚集。Takagi 等人

在制备锑掺杂 TiO_2 复合材料时，发现随着 Sb 投料量从 0％增加到 5％，Sb/TiO_2 复合材料的粒径却从 21 nm 减小到 12 nm，光催化降解甲基蓝的效率随之提高。Takagi 等人认为复合材料粒径的减小，是由于 Sb 的加入能够阻止颗粒的凝聚。[43]

在图中没有观察到 Keggin 结构 $H_3PW_{12}O_{40}$ 的特征峰，说明 PW_{12} 簇可能在 TiO_2 八面体的空隙中，或者取代了 TiO_2 晶格上的位置，导致 Ti 配位环境的变化而引起的。

三、紫外—可见漫反射光谱分析

TiO_2、$H_3PW_{12}O_{40}$ 和不同 $H_3PW_{12}O_{40}$ 担载量的 PW_{12}/TiO_2 的紫外—可见漫反射吸收光谱（UV-Vis/DRS）如图 4-5 所示。从图中可以看出：$H_3PW_{12}O_{40}$ 在 190 nm 和 260 nm 处有两个强吸收峰，其中 190 nm 附近的吸收峰比 260 nm 处的吸收强，并且不受多阴离子结构变化的影响，但受溶液中不同电解质的影响。不同结构的钨系杂多酸基本在这个位置都有吸收峰出现，这个吸收峰归属于 $O_d \rightarrow W$ 之间的荷移跃迁，也就是 $W = O_d$ 键 O_{2p} 轨道向 W_{5d} 空轨道的荷移跃迁。发生在 260 nm 处的吸收峰不受阴离子质子化作用的影响，归属于 $O_{b,c} \rightarrow W$ 之间的荷移跃迁，也就是 $W-O_{b/c}-W$ 上 O_{2p} 轨道上的电子向 W_{5d} 空轨道上的荷移跃迁。这个吸收带是杂多化合物的特征谱带，是确定 POM 结构的重要依据。[44]

从图中可以看出与 TiO_2 相比，PW_{12}/TiO_2 复合材料的吸收光谱发生了蓝移，并随着 $H_3PW_{12}O_{40}$ 的投料量从 4.2％ 增加到 19.8％，吸收光谱向紫外波长移动。这种现象可能是由于量子尺寸效应引起的，即粒子尺寸变小，导致禁带变宽，并使能带蓝移。[45] 而且当纳米粒子的粒径在 1~10 nm 时，量子尺寸效应变得更明显，本实验制备的 PW_{12}/TiO_2 纳米复合材料的粒子尺寸<10 nm。由于量子尺寸效应的产生，会提高复合材料的光催化活性，这是因为：

（1）量子尺寸效应导致禁带变宽，使价带电位变得更正，导带电位变得更负，因此提高了光生电子和空穴的氧化－还原能力；

（2）粒径减小，光生载流子扩散到表面的时间变短，有效地抑制了电子－空穴的复合；

（3）粒径变小，颗粒的比表面积增大，提高了复合材料对污染物的吸附能力。

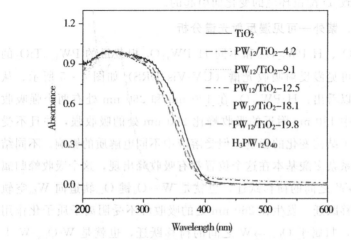

图4-5　不同催化剂的紫外－可见漫反射谱图

Fig. 4-5　UV-vis/DRS of different catalysts

在紫外/可见漫反射吸收光谱中没有看到复合材料中 $H_3PW_{12}O_{40}$ 的吸收峰，表明 $H_3PW_{12}O_{40}$ 均匀分散在复合材料中，这与 XRD 的分析结果一致。

四、氮气的吸附－脱附分析

TiO_2 和不同 $H_3PW_{12}O_{40}$ 担载量的 PW_{12}/TiO_2 的氮气吸附－脱附等温曲线和孔径分布曲线如图4-6和图4-7所示。从图4-6中可以看出，合成的产物在 $P/P_0 < 0.1$ 区域 N_2 吸附量迅速增加，根据 IUPAC 定义，此类吸附等温线属 I 型（Type I），这种类型的吸

附等温线证明产物具有微孔结构特征。另外，产物在 $P/P_0 = 0.4 \sim$ 0.8 范围内出现滞后环，它属 IV 型（Type IV）的等温线，是介孔材料对 N_2 吸附的特征，由此可以证明合成的产物具有微孔 - 介孔双孔道结构。微孔结构的形成与合成材料的制备方法密切相关，在四异丙氧基钛水解的过程中，$H_3PW_{12}O_{40}$ 进入 TiO_2 网络生成 $H_3PW_{12}O_{40}/Ti(OH)_4$ 水凝胶。此时 $H_3PW_{12}O_{40}$ 与内表面的钛羟基（$\equiv Ti-OH$）反应，生成（$\equiv TiOH_2^+$）（$H_2PW_{12}O_{40}^-$），导致 TiO_2 网络内的空隙减小，再经过进一步的脱水处理，使 TiO_2 网络进一步紧密，形成微孔结构。产物介孔结构的形成是由于 $H_3PW_{12}O_{40}/TiO_2$ 粒子间的聚集所致。

　　$H_3PW_{12}O_{40}/TiO_2$ 的比表面积、平均孔径和孔体积如表 4-3 所示。从表中数据可以看出，随着 $H_3PW_{12}O_{40}$ 加入量的增加，复合材料的比表面积增加；孔体积和平均孔径减小。而且 $H_3PW_{12}O_{40}/TiO_2$ 的 BET 比表面积（200 $m^2 \cdot g^{-1}$ 左右）要远远大于 $H_3PW_{12}O_{40}$ 的比表面积（$1 \sim 10\ m^2 \cdot g^{-1}$），也略高于采用同种方法合成的 TiO_2（176.2 $m^2 \cdot g^{-1}$），这为 $H_3PW_{12}O_{40}/TiO_2$ 光催化活性的提高奠定了基础。研究发现，随着 $H_3PW_{12}O_{40}$ 的担载量从 0% 增加到 19.8%，BET 比表面积也略有增加，从 176.2 $m^2 \cdot g^{-1}$ 增加到 208.1 $m^2 \cdot g^{-1}$。这与 XRD 的检测结果相符，随着杂多酸的担载量增加，粒径逐渐减小。Huang 等人研究发现随着杂多酸加入量的增加，比表面积从 30 $m^2 \cdot g^{-1}$ 增加到 152 $m^2 \cdot g^{-1}$。他们认为当体系中没有 $H_3PW_{12}O_{40}$ 时，单核的 $Ti-OH$ 之间发生凝聚反应，生成较大的多核物种；当体系中存在 $H_3PW_{12}O_{40}$ 时，$H_3PW_{12}O_{40}$ 和 $Ti(\equiv TiOH)$ 的羟基形成氢键，进而阻止了单核的 $Ti-OH$ 之间的凝聚，因此复合材料的粒径减小，比表面积增大。[46]

表 4 - 3 不同催化剂的比表面积、平均孔径和孔体积

Table. 4 - 3　BET Surface Area，Average Pore Diameter and Pore Volume of the $H_3PW_{12}O_{40}/TiO_2$，and mesoporous anatase TiO_2

Samples	$S_{BET}{}^a$ （$m^2 g^{-1}$）	$V_p{}^b$ （$cm^3 g^{-1}$）	$D_p{}^c$ （nm）
TiO_2	176.2	0.37	6.5
$PW_{12}/TiO_2-4.2$	197.5	0.27	4.6
$PW_{12}/TiO_2-12.5$	201.6	0.23	4.3
$PW_{12}/TiO_2-19.8$	208.1	0.22	4.1

$^a S_{BET}$：根据 BET 方程计算；

$^b V_p$，孔体积；

$^c D_p$：孔径。

当 $H_3PW_{12}O_{40}$ 担载量从 0% 增加到 19.8%，孔体积由 0.37 $cm^3 \cdot g^{-1}$ 减小到 0.22 $cm^3 \cdot g^{-1}$，孔径由 6.5 nm 减小到 4.1 nm。也就是说，随着 $H_3PW_{12}O_{40}$ 担载量的增加，孔体积和孔径却逐渐减小。这应该是在合成过程中，较大的杂多酸分子进入 TiO_2 孔隙中，导致复合材料的孔体积和孔径的减小。Zhou 等人采用溶胶—凝胶的方法制备了介孔 Fe/TiO_2 催化剂，研究发现当 Fe 的掺杂量分别为 0.05%、0.25% 和 2.5% 时，催化剂的平均孔尺寸分别为 3.4、3.0 和 2.8 nm；粒径分别为 16、14.9 和 11 nm；BET 比表面积分别为 23.5、30.3 和 37.1 m^2/g。由此可以看出，随着 Fe 的掺杂量的增加，催化剂的平均孔尺寸、粒径和比表面积都随之减小。Zhou 等人提出，造成平均孔径减小的原因有两个：一是由于小的微晶聚合形成小孔；二是由于 Fe 离子进入到 TiO_2 形成的孔中导致孔的减小。[47]

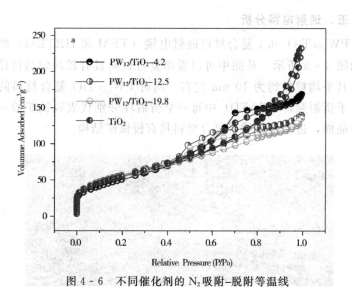

图 4 - 6　不同催化剂的 N_2 吸附–脱附等温线

Fig. 4 - 6　Nitrogen gas adsorption—desorption isotherms of the different loading with PW_{12}/TiO_2 composites and TiO_2

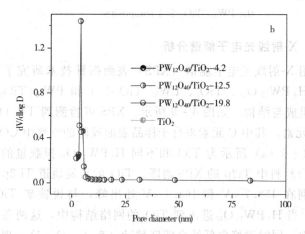

图 4 - 7　不同催化剂的孔径分布曲线

Fig. 4 - 7　pore size distributionprofiles of the different loading of PW_{12}/TiO_2 composites and TiO_2

五、透射电镜分析

PW$_{12}$/TiO$_2$-9.1 复合材料透射电镜（TEM 和 HRTEM）的结果如图 4-8 所示。从图中可以看出复合材料具有较均匀的粒径分布，其平均粒径约为 10 nm 左右。同时 PW$_{12}$/TiO$_2$ 复合材料的选区电子衍射照片（SAED）中每一个衍射环分别代表锐钛矿的一个衍射晶面，进一步证明了复合材料具有锐钛矿结构。

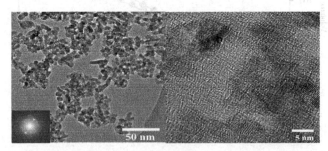

图 4-8 PW$_{12}$/TiO$_2$-9.1 的透射电镜图 (a) TEM (b) HRTEM

Fig. 4-8 TEM (a) and high resolution TEM (b) images of the PW$_{12}$/TiO$_2$-9.1 composite

六、X-射线光电子能谱分析

采用 X-射线光电子能谱（XPS）表面探针技术研究了不同催化剂（H$_3$PW$_{12}$O$_{40}$、TiO$_2$、PW$_{12}$/TiO$_2$-9.1 和 PW$_{12}$/TiO$_2$-19.8）的表面组成与结构，如图 4-9 所示。XPS 可检测到 Ti、O、C 和 W 四种元素，其中 C 元素来自于样品表面吸附的空气中 CO$_2$。

图 4-9 (a) 所示为 TiO$_2$ 和不同 H$_3$PW$_{12}$O$_{40}$ 担载量的 PW$_{12}$/TiO$_2$ 复合材料中 Ti2p 的 XPS 谱图。TiO$_2$ 的自旋轨道 Ti 2p$_{3/2}$ 和 Ti 2p$_{1/2}$ 分别在 458.7 eV 和 464.4 eV 处出峰，与锐钛矿 TiO$_2$ 相一致。[48,49] 当 H$_3$PW$_{12}$O$_{40}$ 进入到 TiO$_2$ 的网络结构中，这两条谱线变得不对称，同时谱峰向低结合能区移动（表 4-4）。这一现象表明 Ti（<IV）氧化态的量增加。

图 4-9 (b) 所示为 TiO$_2$、H$_3$PW$_{12}$O$_{40}$ 和不同 H$_3$PW$_{12}$O$_{40}$ 担

载量的 PW_{12}/TiO_2 复合材料中 O1s 的 XPS 谱图。TiO_2 的 O1s XPS 谱峰在 529.8 eV 处 [标记为 O1s (1)]，归属于锐钛矿相 TiO_2 的晶格氧。[50] $H_3PW_{12}O_{40}$ 在 531.6 eV 显示的谱峰是 O1s 的 XPS 谱峰，它归属于 Keggin 单元的晶格氧 [标记为 O1s (2)]。[51] 当 TiO_2 的网络结构结合了 $H_3PW_{12}O_{40}$ 以后，O1s (1) 和 O1s (2) 同时被发现，而且 O1s (2) 的谱峰强度随着 $H_3PW_{12}O_{40}$ 掺杂量的增加而加强。对于 PW_{12}/TiO_2-19.8 复合材料，出现了一个新的氧峰在 533.5 eV 结合能处，应归属为复合材料表面的吸附氧。[52] 在 PW_{12}/TiO_2 表面存在的吸附氧是由于复合材料中 W^{6+} 离子替代了 Ti^{4+} 离子而引起的氧缺位，这种复合材料非常容易结合其他的原子和基团形成稳定的状态。[53]

图 4-9 (c) 是 $H_3PW_{12}O_{40}$ 和不同 $H_3PW_{12}O_{40}$ 担载量的 PW_{12}/TiO_2 复合材料中 W4f 的 XPS 谱图。从谱图中可以看出钨元素具有最高的氧化态 [W (VI)]。[54] $H_3PW_{12}O_{40}$ 中 $W4f_{7/2}$ 和 $W4f_{5/2}$ 的结合能分别在 35.8 eV 和 37.8 eV。当 TiO_2 的网络结构结合了 $H_3PW_{12}O_{40}$ 以后，W4f 的结合能向低结合能区移动，而且随着 $H_3PW_{12}O_{40}$ 掺杂量的增加，结合能降低 (表 4-4)。这个结果表明，在复合材料的表面除了有 W (VI) 外，还存在 W (<VI) 并且随着 $H_3PW_{12}O_{40}$ 掺杂量的增加而逐渐增加。基于以上 XPS 的检测结果和文献报道：[55,56] Ti^{4+} 和 W^{6+} 具有相似的电负性和离子半径。因此推测在 Keggin 单元中的 W=O 基团和 TiO_2 网络中的 $\equiv Ti-OH$ 基团通过 $Ti-O-W$ 键结合，在复合材料的界面形成 $(\equiv Ti-OH_2)_n^+ [H_{3-n}PW_{12}O_{40}]^{n-}$。

总之，通过溶胶-凝胶结合程序升温溶剂热处理方法制备的 PW_{12}/TiO_2 复合材料，具有粒径小且均匀、微孔-介孔结构、以锐钛矿晶型为主和比表面积较大等特点。从 ICP 和 XPS 表征的结果显示，多酸分子与锐钛矿结构的 TiO_2 通过化学作用结合并进入其晶格骨架中。

表 4 - 4 不同催化剂的 Ti2p、O1s 和 W4f 结合能

Table 4 - 4 Binding energy (eV) of Ti2p, O1s,
and W4f peaks in different catalysts

Samples	Ti2p$_{3/2}$	Ti2p$_{1/2}$	O1s(1)	O1s(2)	O1s(3)	W4f$_{7/2}$	W4f$_{5/2}$
TiO$_2$	458.7	464.4	529.8	531.5	—	—	—
H$_3$PW$_{12}$O$_{40}$	—	—	—	531.6	—	35.8	37.8
PW$_{12}$/TiO$_2$—9.1	458.6	464.3	529.9	531.4	—	35.3	37.0
PW$_{12}$/TiO$_2$—19.8	458.4	464.2	529.8	531.8	533.2	34.9	36.9

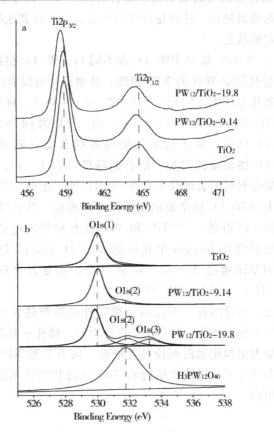

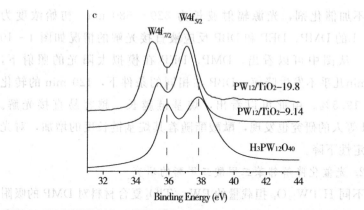

图 4 - 9 不同催化剂的 XPS 能谱图 (a) — (c) 分别为 Ti2p，O1s 和 W4f 能谱

Fig. 4 - 9 XPS survey spectra for the pure TiO_2, starting PW_{12}, and PW_{12}/TiO_2
composites in the (a) Ti2p, (b) O1s, and (c) W4f binding
energy regions

七、模拟太阳光条件下 $H_3PW_{12}O_{40}/TiO_2$ 光催化活性的研究

1. 模拟太阳光条件下酞酸酯类化合物直接光解的研究

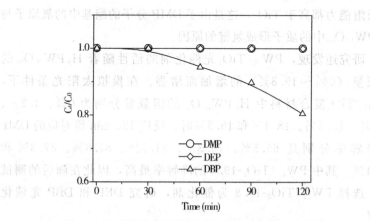

图 4 - 10 模拟太阳光照射下 PAEs 的直接光解曲线

Fig. 4 - 10 Direct photolysis of PAEs undersimulated sunlight irradiation

不加催化剂，光源辐射波长为 $320 \sim 680$ nm，初始浓度为 5 mg/L的DMP、DEP 和 DBP 反应液直接光解的情况如图 4 - 10 所示。从图中可以看出，DMP、DEP 在模拟太阳光的照射下，120 min几乎不发生降解；DBP 在相同的条件下，120 min 的转化率为 19.5％。由此可以看出，烷基链越长，越容易直接光解。Hizal 等人的研究也发现，酞酸酯随着其烷基链长度的增加，对光的稳定性下降。[57]

2. 光催化降解邻苯二甲酸二甲酯的研究

不同 $H_3PW_{12}O_{40}$ 担载量的 PW_{12}/TiO_2 复合材料对 DMP 的吸附和降解情况如图 4 - 11 所示。从图中可以看出，在无光源照射的条件下，PW_{12}/TiO_2 复合材料分散在 DMP 溶液中，经过 30 min 的暗反应，DMP 的浓度减小，而且随着 $H_3PW_{12}O_{40}$ 的担载量增大，复合材料的吸附能力增强。PW_{12}/TiO_2 复合材料中 $H_3PW_{12}O_{40}$ 的担载量分别为 0％、4.2％、9.1％、12.5％、18.1％和19.8％时，对应的吸附率分别是 3.5％、6.6％、8.3％、13.1％、14.7％ 和 17.6％。与 TiO_2 相比，所有的 PW_{12}/TiO_2 复合材料对 DMP 分子的吸附能力都高于 TiO_2，这是由于 DMP 分子的酯基中的氧原子与 $H_3PW_{12}O_{40}$ 中的质子形成氢键的原因。

研究还发现，PW_{12}/TiO_2 光催化剂的活性随着 $H_3PW_{12}O_{40}$ 的担载量 （0％～19.8％） 的增加而增强。在模拟太阳光条件下，PW_{12}/TiO_2 复合材料中 $H_3PW_{12}O_{40}$ 的担载量分别为 0％、4.2％、9.1％、12.5％、18.1％和19.8％时，反应120 min 所对应的 DMP 的降解率分别是 65.5％、76.3％、81.5％、85.6％、87.3％ 和 97.4％。其中 PW_{12}/TiO_2-19.8 的降解率最高，因此在随后的测试中，选择 PW_{12}/TiO_2-19.8 为催化剂，研究 DEP 和 DBP 光催化降解。

图 4 - 10 ...

Fig. 4 - 10 The ... of DMP ... under direct photolysis

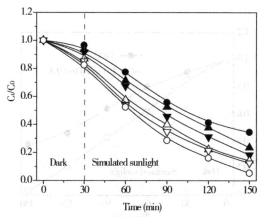

TiO$_2$（●）；PW$_{12}$/TiO$_2$－4.2（▲）；PW$_{12}$/TiO$_2$－9.1（▼）；

PW$_{12}$/TiO$_2$－12.5（△）；PW$_{12}$/TiO$_2$－18.1（▽）和 PW$_{12}$/TiO$_2$－19.8（○）

图 4 - 11　不同 H$_3$PW$_{12}$O$_{40}$ 担载量 PW$_{12}$/TiO$_2$ 复合材料对 DMP 的
光催化降解

Fig. 4 - 11　Photocatalytic degradation of DMP under simulated sunlight
irradiation of different loading of PW$_{12}$/TiO$_2$ composites

3. 光催化降解邻苯二甲酸二乙酯和邻苯二甲酸二丁酯的研究

本实验研究了 TiO$_2$ 和 PW$_{12}$/TiO$_2$-19.8 复合材料对 DEP 和 DBP 的吸附及降解情况。从图 4 - 12 中可以看出，在无光源照射的情况下，PW$_{12}$/TiO$_2$-19.8 复合材料分散在 DEP 和 DBP 溶液中，经过 30 min 的暗反应，对 DEP 和 DBP 的吸附率分别为 14.6% 和 20.4%；TiO$_2$ 对 DEP 和 DBP 的吸附率分别是 8.8% 和 12.1%，即 PW$_{12}$/TiO$_2$-19.8 复合材料对 DEP 和 DBP 的吸附能力高于 TiO$_2$，与 DMP 的吸附结果相同。

暗反应后，在模拟太阳光条件下，PW$_{12}$/TiO$_2$-19.8 复合材料对 DEP 和 DBP 的光催化降解速度较快，如图 4 - 12 所示，分别在 120 min 和 90 min 后降解完全，且 PW$_{12}$/TiO$_2$-19.8 光催化降解 DEP 和 DBP 的活性高于 TiO$_2$。

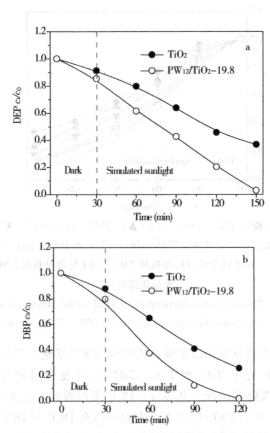

图 4 - 12 TiO₂和 PW₁₂/TiO₂-19.8 复合材料光催化降解 DEP（a）和 DBP（b）

Fig. 4 - 12 Photocatalytic degradation of DEP (a) and DBP (b) of
pure TiO₂ and PW₁₂/TiO₂-19.8 composites

4. pH 值变化对邻苯二甲酸二乙酯降解效率的影响

本实验研究了在模拟太阳光条件下，pH 值（3.4～11.2）变化对 PW₁₂/TiO₂-19.8 光催化降解 DEP 的影响，如图 4 - 13 所示。

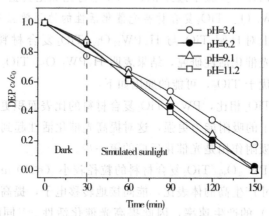

图 4 - 13　pH 值对 PW_{12}/TiO_2-19.8 光催化降解 DEP 的影响

Fig. 4 - 13　Influence of initial pH on the degradation
of aqueous DEP in PW_{12}/TiO_2-19.8

从图中可以看出，在 pH = 3.4 时，PW_{12}/TiO_2-19.8 对 DEP 的吸附能力最强，吸附率为 22.5%。继续增大初始 pH 值至 6.2，催化剂的吸附能力缓慢减小；当 pH 值增至 9.1 和 11.2 时，催化剂对 DEP 的吸附能力基本不变。因为在酸性（pH＜6.2）介质中，PW_{12}/TiO_2 的表面带正电荷，由于 DEP 分子具有带负电荷的羧基，所以在酸性条件下 DEP 分子更容易吸附到 PW_{12}/TiO_2 的表面。与此相反，当 pH＞6.2 时，PW_{12}/TiO_2 的表面逐渐带有更多的负电荷，使得 PW_{12}/TiO_2 和 DEP 分子之间的排斥力逐渐增大，减弱了 PW_{12}/TiO_2 对 DEP 分子的吸附能力。

从图 4 - 13 中还观察到 pH 值的变化影响 PW_{12}/TiO_2 复合材料光催化降解 DEP 的活性。在模拟太阳光条件下，当初始 pH＞6.2 时，PW_{12}/TiO_2-19.8 降解 DEP 的效率较高；而当 pH＜3.4 时，PW_{12}/TiO_2-19.8 的活性略有降低。说明中性或碱性条件可以促进 PW_{12}/TiO_2 光催化降解 DEP。这可能是由于在中性或碱性条件下催化剂表面会产生更多的羟基自由基，进而提高 DEP 光催化降解的效率。所以在本实验中选择 pH＝6.2 进行光催化实验。

5. $H_3PW_{12}O_{40}/TiO_2$ 复合材料光催化活性的协同效应分析

综合以上对自制 TiO_2 与 $H_3PW_{12}O_{40}/TiO_2$ 复合材料的结构、性能表征和光催化活性研究，结果表明 $H_3PW_{12}O_{40}/TiO_2$ 复合材料光催化活性优于 TiO_2，可能的原因如下：

(1) 与 TiO_2 相比，PW_{12}/TiO_2 复合材料的比表面积更大，因此对 PAEs 分子的吸附能力更强，这对提高光催化活性起到了重要的作用，因为吸附作用是光催化反应的第一步。

(2) $H_3PW_{12}O_{40}/TiO_2$ 复合材料的粒径较小（<10 nm），这种小的粒子尺寸产生高的体表比，能间接地转移电子，提高光生载流子（$e^- - h^+$）的产生速率，因此提高光催化活性。[58] 同时会产生量子尺寸效应，使其禁带宽度增大，导带电位变负，价带的电位变正，导致催化剂的氧化还原能力增强。[59]

(3) PW_{12}/TiO_2 复合材料具有微孔－介孔结构，可使催化反应在孔道内进行，增加了反应物与催化剂接触的机会，进而提高了光催化活性。

(4) $H_3PW_{12}O_{40}$ 和 TiO_2 的协同效应提高了 PW_{12}/TiO_2 复合材料的光催化活性。$H_3PW_{12}O_{40}$ 具有较强的接受电子的能力，它可以迅速捕获由于光辐射而在 TiO_2 表面产生的光生电子，即在 $H_3PW_{12}O_{40}/TiO_2$ 复合材料的内部完成电子转移，有效地抑制了光生电子－空穴的复合，从而使 TiO_2 表面的光生空穴（h_{vb}^+）有足够的时间与 H_2O 反应生成·OH，进而提高 PW_{12}/TiO_2 复合材料光催化活性。[60] 同时 $H_3PW_{12}O_{40}$ 在接受了 TiO_2 表面的光生电子（e_{cb}^-）后形成还原态的 $PW_{12}O_{40}^{4-}$，$PW_{12}O_{40}^{4-}$ 与催化剂表面吸附的 O_2 分子反应生成 O_2^-·自由基，O_2^-·自由基具有较高的氧化能力。而 TiO_2 没有这种协同作用，使电子－空穴在 TiO_2 表面迅速复合，减少·OH 自由基的产生，故光催化降解 PAEs 的活性较 $H_3PW_{12}O_{40}/TiO_2$ 低。

第四节　模拟太阳光条件下二氧化钛负载型多酸光催化降解酞酸酯机理研究

一、光催化降解过程中间产物的测定

采用高效液相色谱－质谱（ESI—MS）对模拟太阳光条件下 PW_{12}/TiO_2-19.8 复合材料光催化降解 6 h 后 DBP 和 DEP 的中间产物进行了分析测定，结果见表 4-5 和 4-6。在 DBP 降解体系中主要检测出羟基化的邻苯二甲酸二丁酯、羟基化的邻苯二甲酸、苯甲酸单酯和苯甲酸等中间产物；在 DEP 降解体系中主要检测出羟基化的邻苯二甲酸二乙酯、二羟基苯甲酸、邻苯二甲酸、马来酸酐等中间产物。

表 4-5　DBP 光催化降解中间产物的分子量和结构式

Fig. 4-5　molecular weight and molecular structure of intermediate products of DBP

编号	分子量	结构式
1	294	
2	294	

编号	分子量	结构式
3	294	
4	222	
5	182	
6	182	
7	292	

编号	分子量	结构式
8	178	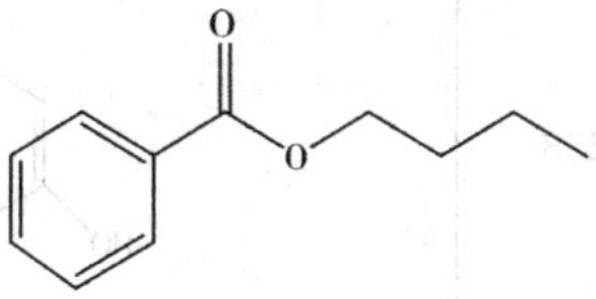
9	122	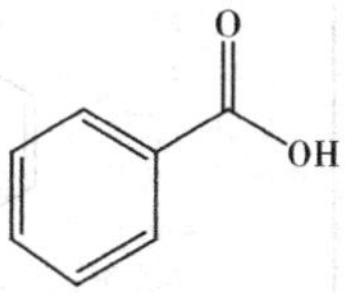
10	196	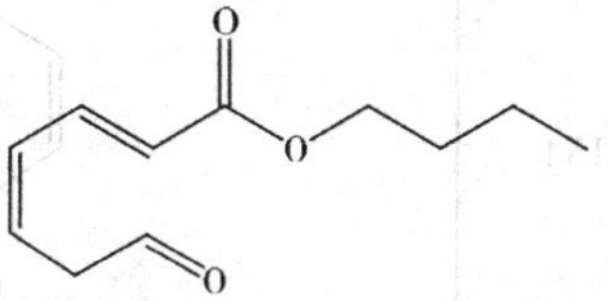

表 4 - 6　HPLC-MS 测定 DEP 光催化降解中间产物的分子量和结构式

Fig. 4 - 6　HPLC-MS molecular weight and molecular structure of intermediate products of DEP

编号	分子量	结构式
11	238	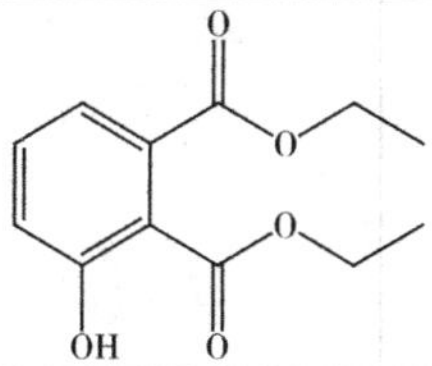

编号	分子量	结构式
12	238	
13	238	
14	154	
15	154	
16	166	

编号	分子量	结构式
17	148	
18	94	

二、光催化降解过程中有机酸的变化

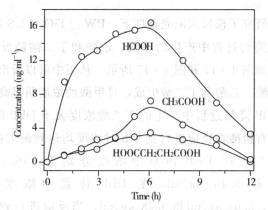

图 4 - 14　PW_{12}/TiO_2-19.8 光催化降解 DEP 过程中有机酸的浓度变化

Fig. 4 - 14　Evolution of organic acid during the course of photocatalytic

degradation for aqueous DEP in the PW_{12}/TiO_2-19.8

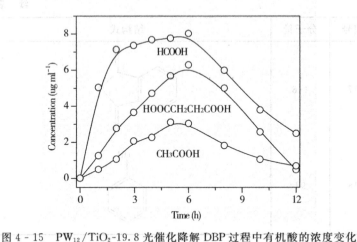

图 4 - 15　PW$_{12}$/TiO$_2$-19.8 光催化降解 DBP 过程中有机酸的浓度变化

Fig. 4 - 15　Evolution of organic acid during the course of photocatalytic

degradation for aqueous DBP in the PW$_{12}$/TiO$_2$-19.8

　　本实验研究了模拟太阳光条件下，PW$_{12}$/TiO$_2$-19.8 对 DEP 和 DBP 光催化降解过程中产生的甲酸、乙酸和丁二酸随反应时间的变化情况，如图 4 - 14 和图 4 - 15 所示。从图中可以看出在两个体系中均有甲酸、乙酸和丁二酸生成，且甲酸的浓度明显高于乙酸和丁二酸；DBP 降解过程中产生的丁二酸浓度大于 DEP 降解体系；生成的三种有机酸在反应进行到 6 h 时浓度均达到最大值，甲酸、乙酸和丁二酸在 DEP 体系中浓度分别为：16.44 μg/ml、7.21 μg/ml 和 3.46 μg/ml，在 DBP 体系中浓度分别为：8.03 μg/ml、3.04 μg/ml和 6.28 μg/ml；当反应进行到 12 h 时，乙酸和丁二酸几乎完全降解，但仍有部分甲酸未被降解，说明在此条件下，甲酸更难于降解。

三、光催化降解过程中 TOC 的变化

　　图 4 - 16 是模拟太阳光条件下 PW$_{12}$/TiO$_2$-19.8 光催化降解

DEP 和 DBP 过程中 TOC 的变化曲线。从图中可以看出，在光催化降解反应进行到 2 h 时，DEP 和 DBP 的 TOC 去除率只有 39.4% 和 43.6%，但母体 DEP 和 DBP 在此时的降解率接近 100%（图 4 - 12）。表明虽然母体 DEP 和 DBP 已降解完全，但其并没有完全矿化，而是生成了不同的中间产物，HPLC-MS 和 IC 的检测结果证实了这一点。当反应到 12 h 时，DEP 和 DBP 的 TOC 去除率分别为 90.2% 和 94.3%，表明 DEP 和 DBP 几乎被完全转化为 CO_2 和 H_2O。

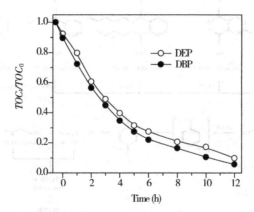

图 4 - 16　PW_{12}/TiO_2-19.8 光催化降解 DEP 和 DBP 过程中 TOC 的变化曲线

Fig. 4 - 16　Evolution of TOC during the course of photocatalytic degradation of aqueous PAEs in thePW$_{12}$/TiO$_2$-19.8

四、$H_3PW_{12}O_{40}/TiO_2$ 光催化降解邻苯二甲酸二丁酯的机理

根据高效液相色谱—质谱和离子色谱检出的中间产物和相关文献，推断出模拟太阳光条件下 PW_{12}/TiO_2 光催化降解 DBP 的反应路径如图 4 - 17 所示。

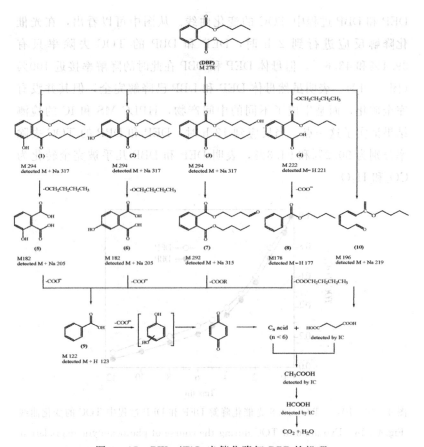

图 4 - 17 PW_{12}/TiO_2 光催化降解 DBP 的机理

Fig. 4 - 17 Proposed degradation pathway of aqueous DBP in PW_{12}/TiO_2

从图中可以看出 DBP 的降解有四条可能的路径。具体如下：

路径一：·OH 自由基进攻 DBP 的芳香环，首先形成了两种同分异构体，即羟基化的邻苯二甲酸二丁酯（1 和 2），化合物（1 和 2）在·OH 自由基的进攻下失去丁氧基生成羟基邻苯二甲酸（5 和 6），进一步脱去羧基生成苯甲酸（9）。

路径二：当·OH 自由基进攻 DBP 的脂肪链时，生成了另一种羟基化的邻苯二甲酸二丁酯（3），化合物（3）在·OH自由基的进攻下生成醛（7），进一步脱去烷氧基生成苯甲酸（9）。

路径三：DBP在·OH自由基的进攻下，脱去烷氧基生成化合物（4），化合物（4）氧化脱去羧基生成苯甲酸丁酯（8），进一步脱去烷氧基生成苯甲酸（9）。

上述三条路径的共同产物苯甲酸（9）经过脱羧生成二羟基苯，进一步氧化生成苯醌，再发生氧化开环生成小分子的酸。本实验通过离子色谱检测出甲酸、乙酸和丁二酸，因此证明了小分子酸的产生，最后实现完全矿化，生成CO_2和H_2O。

路径四：当·OH自由基直接进攻DBP分子上两个α碳原子时，发生了开环反应，生成长链结构的化合物（10）。Kaneco等人[61]在可见光照射下研究了TiO_2光催化降解DBP的反应动力学、矿化和降解机理，采用GC－MS分析降解过程的中间产物，研究发现：当·OH自由基进攻在α位置的两个碳原子（5C和6C）时，开环并产生长链结构的产物（10），与本实验结果一致。

五、$H_3PW_{12}O_{40}/TiO_2$光催化降解邻苯二甲酸二乙酯的机理

根据高效液相色谱－质谱和离子色谱检出的中间产物和相关文献，推断出模拟太阳光条件下PW_{12}/TiO_2光催化降解DEP的反应路径如图4－18所示。从图中可以看出DEP的降解有三条可能的路径。具体如下：

路径一：·OH自由基进攻DEP的芳香环，首先形成了两种同分异构体，羟基化的邻苯二甲酸二乙酯（11和12），化合物（11和12）在·OH自由基的进攻下失去乙氧基生成二羟基苯甲酸（14和15），进一步脱去羧基生成二羟基苯。

路径二：·OH自由基进攻DEP的脂肪链时，生成另一种同分异构体，羟基化的邻苯二甲酸二乙酯（13），在·OH自由基的强氧化作用下失去乙氧基生成邻苯二甲酸（16），进一步脱去羧基生成二羟基苯。

路径三：DEP分子在·OH自由基的作用下生成马来酸酐

(17)，再脱去羧基生成苯酚。Bahnemann 等人[62]研究了 TiO₂ 光催化降解 DEP 的机理，采用 GC-MS 分析降解过程的中间产物，也发现了马来酸酐 (17)。

上述三条路径最后均生成二羟基苯，进一步氧化生成苯醌，再发生氧化开环生成甲酸、乙酸和丁二酸等小分子酸，最后实现矿化。

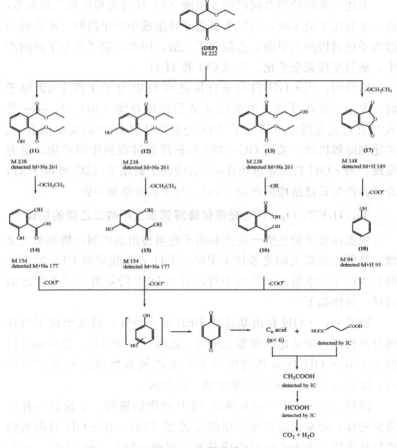

图 4 - 18　PW₁₂/TiO₂ 光催化降解 DEP 的机理

Fig. 4 - 18　Proposed degradation pathway of aqueous DEP in PW₁₂/TiO₂

六、$H_3PW_{12}O_{40}/TiO_2$光激发降解有机物的机理

根据 Guo 等人[63-65]的研究结果，推断出 PW_{12}/TiO_2 复合材料光催化降解有机物的机理见方程（4-1）至（4-6）及图 4-19。

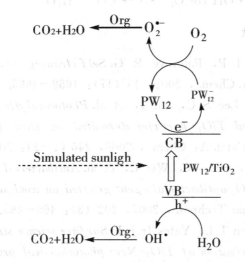

图 4 - 19　PW_{12}/TiO_2光激发降解有机物机理

Fig. 4 - 19　The Mechanism of PW_{12}/TiO_2 photoexcitation degradation organizations

由于 $H_3PW_{12}O_{40}$ 具有空 d 轨道，是强电子接受体，而 $H_3PW_{12}O_{40}$ 的 HOMO-LUMO 轨道相当于锐钛矿 TiO_2 的导带－价带，因此，$H_3PW_{12}O_{40}/TiO_2$ 光催化反应过程中会在 $H_3PW_{12}O_{40}$ 和 TiO_2 间产生协同效应。TiO_2 价带上的电子被激发跃迁到导带，形成 e_{cb}^-，同时在价带上产生 h_{vb}^+。$H_3PW_{12}O_{40}$ 是光催化体系中的电子受体，它接受 TiO_2 表面的 e_{cb}^- 形成还原态的 $PW_{12}O_{40}^{4-}$，然后 $PW_{12}O_{40}^{4-}$ 与催化剂表面吸附的 O_2 分子反应生成 $O_2^-\cdot$ 自由基，而 h_{vb}^+ 与 H_2O 反应生成 $\cdot OH$，$O_2^-\cdot$ 和 $\cdot OH$ 可将有机物分解，矿化成 CO_2 和 H_2O。

$$TiO_2 + h\nu \rightarrow e_{cb}^- + h_{vb}^+ \qquad (4-1)$$

$$PW_{12}^{3-} + e_{cb}^- \rightarrow PW_{12}^{4-} \qquad (4-2)$$

$$PW_{12}^{4-} + O_2 \rightarrow O_2^- \cdot + PW_{12}^{3-} \qquad (4-3)$$
$$O_2 + e_{cb}^- \rightarrow O_2^- \cdot \qquad (4-4)$$
$$h_{vb}^+ + H_2O \rightarrow \cdot OH + H^+ \qquad (4-5)$$
$$Org. + \cdot OH \ (or \ O_2^- \cdot) \rightarrow CO_2 + H_2O_2 \qquad (4-6)$$

本章参考文献

[1] Parkin I P, Palgrave R G. *Self-cleaning coatings* [J]. J. Mater. Chem. , 2005, 15 (17): 1689−1695.

[2] Yu H, Lee S C, Yu J, et al. *Photocatalytic activity of dispersed TiO₂ particles deposited on glass fibers* [J]. J. Mol. Catal. A: Chem. , 2006, 246 (1−2): 206−211.

[3] Wang S, Hou W, Wei L, et al. *Antibacterial activity of nano-SiO₂ antibacterial agent grafted on wool surface* [J]. Surf. Coat Technol. , 2007, 202 (3): 460−465.

[4] Thompson T L, Yates Jr J T. *Surface science studies of the photoactivation of TiO₂-New photochemical processes* [J]. Chem. Rev. , 2006, 106 (10): 4428−4453.

[5] Lv K, Xu Y. *Effects of polyoxometalate and fluoride on adsorption and photocatalytic degradation of organic dye X3B on TiO₂: the difference in the production of reactive species* [J]. J. Phys. Chem. B, 2006, 110 (12): 6204−6212.

[6] Li J, Xu J, Dai W, et al. *One-pot synthesis of twist-like helix tungsten-nitrogen-codoped titania photocatalysts with highly improved visible light activity in the abatement of phenol* [J]. Appl. Catal. B: Environ. , 2008, 82 (3−4): 233−243.

[7] Puddu V, Mokaya R, Puma G L. *Novel one step hydrothermal synthesis of TiO₂/WO₃ nanocomposites with*

enhanced photocatalytic activity [J]. Chem. Commun. , 2007, (45): 4749—4751.

[8] Marci G, Palmisano L, Sclafani A, et al. *Influence of tungsten oxide on structural and surface properties of sol-gel prepared TiO_2 employed for 4-nitrophenol photodegradation* [J]. J. Chem. Soc. Faraday Trans. , 1996, 92 (5): 819—829.

[9] Shibata H, Ogura T, Mukai T, et al. *Direct synthesis of mesoporous titania particles having a crystalline wall* [J]. J. Am. Chem. Soc. , 2005, 127 (47): 16396—16397.

[10] Fukuda K, Ebina Y, Shibata T, et al. *Unusual crystallization behaviors of anatase nanocrystallites from a molecularly thin titania nanosheet and its stacked forms: Increase in nucleation temperature and oriented growth* [J]. J. Am. Chem. Soc. , 2007, 129 (1): 202—209.

[11] Li H, Bian Z, Zhu J, et al. *Mesoporous Au/TiO_2 nanocomposites with enhanced photocatalytic activity* [J]. J. Am. Chem. Soc. , 2007, 129 (15): 4538—4539.

[12] Yu J C, Li G, Wang X, et al. *An ordered cubic Im_3 m mesoporous Cr-TiO_2 visible light photocatalyst* [J]. Chem. Commun. , 2006 (25): 2717—2719.

[13] Mitoraj D, Kisch H. *The nature of nitrogen-modified titanium dioxide photocatalysts active in visible light* [J]. Angew Chem. Int. Ed. , 2008, 47 (51): 9975—9978.

[14] Wu G, Wang J, Thomas D F, et al. *Synthesis of F-doped flower-like TiO_2 nanostructures with high photo electro chemical activity* [J]. Langmuir, 2008, 24 (7): 3503—3509.

[15] Junin C, Thanachayanont C, Euvananont C, et al. *Effects*

of precipitation, *sol-gel synthesis conditions*, *and drying methods on the properties of nano-TiO₂ for photocatalysis applications* [J]. Eur. J. Inorg. Chem. , 2008, 2008（6）: 974—979.

[16] Yang X, Wang Y, Xu L, et al. *Silver and indium oxide codoped TiO₂ nanocomposites with enhanced photocatalytic activity* [J]. J. Phys. Chem. C, 2008, 112（30）: 11481 —11489.

[17] Yang X, Ma F, Li K, et al. *Mixed phase titania nanocomposite codoped with metallic silver and vanadium oxide: New efficient photocatalyst for dye degradation* [J]. J. Hazard. Mater. , 2010, 175（1—3）: 429—38.

[18] Kozhevnikov I V. *Catalysis by heteropoly acids and multicomponent polyoxometalates in liquid-phase reactions* [J]. Chem. Rev. , 1998, 98（1）: 171—198.

[19] Kozhevnikov I V. *Friedel-Crafts acylation and related reactions catalysed by heteropoly acids* [J]. Appl. Catal. A: Gen. , 2003, 256（1—2）: 3—18.

[20] Kozhevnikova E F, Derouane E G, Kozhevnikov I V. *Heteropoly acid as a novel efficient catalyst for Fries rearrangement* [J]. Chem. Commun. , 2002, 11: 1178 —1179.

[21] Izumi Y, Urabe K, Onaka M. *Zeolite, clay and heteropoly acid in organic reactions, rodansha/VCH* [M]. Tokyo, 1992.

[22] Guo Y, Hu C. *Porous hybrid photocatalysts based on polyoxometalates* [J]. J. Cluster Sci. , 2003, 14（4）: 505 —526.

[23] Guo Y, Hu C. *Heterogeneous photocatalysis by solid*

polyoxometalates [J]. J. Mol. Catal. A: Chem. , 2007, 262 (1-2): 136-148.

[24] 陈玺, 孙继朝, 黄冠星, 等. 酞酸酯类物质污染及其危害性研究进展 [J]. 地下水, 2008, 30 (2): 57-59.

[25] 丁鹏, 赵晓松, 刘剑峰, 等. 酞酸酯类化合物 (PEAs) 研究新进展 [J]. 吉林农业大学学报, 1999, 21 (3): 119-123.

[26] 庞金梅, 池宝亮, 段亚利. 苯二甲酸酯的微生物降解与转化 [J]. 环境科学, 1993, 18 (3): 88-90.

[27] Wams T J. *Diethylhexylphthalate as an environmental contaminant-A review* [J]. Sci. Total Environ. , 1987, 66: 1-16.

[28] Muneer M, Theurich J, Bahnemann D. *Titanium dioxide mediated photocatalytic degradation of 1, 2-diethyl phthalate* [J]. J. Photochem. Photobiol. A: Chem. , 2001, 143: 213-219.

[29] 程爱华, 王磊, 王旭东, 等. 纳滤膜去除水中微量邻苯二甲酸酯的研究 [J]. 水处理技术, 2007, 33 (11): 14-16.

[30] Thebault P, Cases J M, Fiessinger F. *Mechanism underlying the removal of organic micropollutants during flocculation by an aluminum or iron salt* [J]. Water Res. , 1981, 15 (2) 183 -189.

[31] Venkata Mohan S, Shailaja S, Rama Krishna M, et al. *Adsorptive removal of phthalate ester (Di-ethyl phthalate) from aqueous phase by activated carbon: A kinetic study* [J]. J. Hazar. Mater. , 2007, 146: 278-282.

[32] Wang X, Leslie Grady C P. *Comparison of biosorption isotherms for di-n-butyl phthalate by live and dead bacteria* [J]. Water Res. , 1994, 28 (5): 1247-1251.

[33] Murai S, Imajo Y, Takasu K, et al. *Removal of phthalic*

acid esters from aqueous solution by inclusion and adsorption on β-cyclodextrin [J]. Environ. Sci. Technol. ，1998，32 (6)：782—787.

[34] M·斯尼茨尔. 环境中的腐殖物质 [M]. 吴奇虎，等译. 北京：工业出版社，1979：218—219.

[35] Wang J，Liu P，Qian Y. *Biodegradation of phthalic acid esters by acclimated activated sludge* [J]. Environ. Inter. ，1996，22 (6)：737—741.

[36] 陈英旭，沈东升，胡志强，等. 酞酸醋类有机毒物在土壤中降解规律的研究 [J]. 环境科学学报，1997，17（3）：340—3450.

[37] Liang D W，Zhang T，Fang H P，et al. *Anaerobic degradation of dimethyl phthalate in wastewater in a UASB reactor* [J]. Water Res. ，2007 (41)：2879—2884.

[38] Matsui Y. *Biodegradation model of organic compounds by activated sludge. I. Non-ionic aliphatic compounds* [J]. Bull. Natl. Inst. Res. Pollut. Res. ，1983，13：135—139.

[39] 雷乐成，王大睪. 水处理高级氧化技术 [M]. 北京：化学工业出版社，2001：244—249.

[40] Xu B，Gao N Y，Sun X F，et al. *Photochemical degradation of diethyl phthalate with UV/H_2O_2* [J]. J. Hazar. Mater. ，2007 (139)：132—139.

[41] 胡晓宇，张克荣，郑波，等. 水体中邻苯二甲酸酯光降解研究 [J]. 四川大学学报：医学版，2003，34 (2)：300—302.

[42] Carrera R，Castillo N，Arce E，et al. *Analysis of polymorphic nanocrystals of TiO_2 by X-ray rietveld refinement and high-resolution transmission electronmicroscopy：acetaldehyde decomposition* [J]. Res. Lett. Nanotechnology，2008：1—5.

[43] Takagi H，Fujishiro Y，Awano M. *Preparation and*

characterization of the Sb-doped TiO₂ photocatalysts [J].
J. Mater. Sci. , 2001, 36: 949—955.

[44] 王恩波，胡长文，许林. 多酸化学导论 [M]. 北京：化学工
业出版社，1998.

[45] Bohren C F, Huffman D R. *Absorption and scattering of
light by small particles.* New York, NY, USA, 1983.

[46] Huang D, Wang Y, Yang L, et al. *Direct synthesis of
mesoporous TiO₂ modified with phosphotungstic acid under
template-free condition* [J]. Micropor. Mesopor. Mater. ,
2006 (96): 301—306.

[47] Zhou M, Yu J, Cheng B, et al. *Preparation and
photocatalytic activity of Fe-doped mesoporous titanium
dioxide nanocrystalline photocatalyst* [J]. Mater. Chem.
Phys. , 2005 (93): 159—163.

[48] Rengaraj S, Li X. *Enhanced photocatalytic activity of TiO₂
by doping with Ag for degradation of 2, 4, 6-
trichlorophenol in aqueous suspension* [J]. J. Mol. Catal. A:
Chem. , 2006 (243): 60—67.

[49] Chen H, Ku Y, Kuo Y. *Effect of Pt/TiO₂ characteristics
on temporal behavior of o-cresol decomposition by visible
light-induced photocatalysis* [J]. Water Res. , 2007 (41):
2069—2078.

[50] Li J, Zeng H. *Preparation of Monodisperse Au/TiO₂
nanocatalysts via self-assembly* [J]. Chem. Mater. , 2006
(18): 4270—4277.

[51] Jalil P A, Faiz M, Tabet N, et al. *A study of the stability
of tungstophosphoric acid, H₃PW₁₂O₄₀, using synchrotron
XPS, XANES, hexane cracking, XRD, and IR
spectroscopy* [J]. J. Catal. , 2003 (217): 292—297.

[52] Jing L, Sun X, Cai W, et al. *The preparation and characterization of nanoparticle TiO₂/Ti films and their photocatalytic activity* [J]. J. Phy. Chem. Solids, 2003 (64): 615—623.

[53] Jing L, Xu Z, Sun X, et al. *The surface properties and photocatalytic activities of ZnO ultrafine particles* [J]. Appl. Surf. Sci, 2001 (180): 308—314.

[54] Turek W, Pomarzańsk E S, Proń A, et al. *Propylene oxidation over poly (azomethines) doped with heteropolyacids* [J]. J. Catal. , 2000 (189): 297—313.

[55] Rao P M, Wolfson A, Kababya S, et al. *Immobilization of molecular H₃PW₁₂O₄₀ heteropolyacid catalyst in alumina-grafted silica-gel and mesostructured SBA-15 silica matrices* [J]. J. Catal. , 2005 (232): 210—225.

[56] Jiang S, Guo Y, Wang C, et al. *One-step sol-gel preparation and enhanced photocatalytic activity of porous polyoxometalate-tantalum pentoxide nanocomposites* [J]. J. Colloid Interface Sci. , 2007 (308): 208—215.

[57] Hizal G, et al. *On the photolysis of phthalic acid diakyl esters A product analysis study* [J]. J. Photobiol. A: Chem. , 1993 (72): 147—152.

[58] Zhang Z, Wang C, Zakaria R, et al. *Role of particle size in nanocrystalline TiO₂-based photocatalysts* [J]. J Phys. Chem. B , 1998 (102): 10871—10878.

[59] Dagan G, Sampath S, Lev O. *Preparation and utilization of organically modified silica-titania photocatalysts for decontamination of aquatic environments* [J]. Chem. Mater. , 1995 (7): 446—453.

[60] Feng J, Zheng Z, Luan J, et al. *Degradation of diuron in*

aqueous solution by ozonation [J]. J. Environ. Sci. Health B, 2008 (43): 576—587.

[61] Kaneco S, Kastumata H, Suzuki T, et al. *Titanium dioxide mediated photo-catalytic degradation of dibutyl phthalate in aqueous solution-kinetics, mineralization and reaction mechanism* [J]. Chem. Eng. J., 2006 (125): 59 —66.

[62] Muneer M, Theurich J, Bahnemann D. *Titanium dioxide mediated photocatalytic degradation of 1, 2-diethyl phthalate* [J]. J. Photochem. Photobiol. A: Chem., 2001 (143): 213—219.

[63] Guo Y, Hu C, Jiang S, et al. *Heterogeneous photodegradation of aqueous hydroxy butanedioic acid by microporous polyoxometalates* [J]. Appl. Catal. B, 2002, 36 (1): 9—17.

[64] Guo Y, Wang Y, Hu C, et al. *Microporous polyoxometalates POMs/SiO₂: synthesis and photocatalytic degradation of aqueous organocholorinepesticides* [J]. Chem. Mater., 2000, 12 (11): 3501—3508.

[65] Guo Y, Yang Y, Hu C, et al. *Preparation, characterization and photochemical properties of ordered macroporous hybrid silica materials based on monovacant Keggin-type polyoxometalates* [J]. Mater. Chem., 2002, 12 (2): 3046 —3052.

第五章　银掺杂二氧化钛负载型多酸在降解抗生素废水中的应用

引　言

在上一章中采用溶胶—凝胶结合程序升温溶剂热处理方法将 $H_3PW_{12}O_{40}$ 掺杂到 TiO_2 体系，制备了光催化活性较高的 PW_{12}/TiO_2 复合材料。但是从 $UV-Vis/DRS$ 的表征结果可以看出，$H_3PW_{12}O_{40}/TiO_2$ 复合材料对可见光的利用率较低，吸收光谱范围主要集中在 $200\sim380$ nm 之间。虽然 $H_3PW_{12}O_{40}/TiO_2$ 复合材料已经显示出较高的光催化活性，但是它的吸收波长主要在紫外光区，因此合成的 $H_3PW_{12}O_{40}/TiO_2$ 复合材料并没有解决 TiO_2 光催化剂可见光利用率低的问题。

最近，两种组分共掺杂在 TiO_2 中形成的三元光催化体系备受关注。与纯 TiO_2 和二元体系相比，能产生更高的光催化活性。例如，有着核壳结构的 $Au@CdS/TiO_2$ 在可见光下对甲基紫的降解高于 CdS/TiO_2 或 Au/TiO_2[1]；N-Fe (III) 共掺杂的 TiO_2 与纯 TiO_2 相比显示了较高的紫外及可见光光催化降解 RB 的活性[2]，Ag-$InVO_4$ 共掺杂的 TiO_2 复合物薄膜中 Ag 掺杂量为 1% 的样品对可见光下降解甲基橙活性最高。[3]

贵金属修饰的半导体纳米粒子也是目前增强光催化反应效率的研究热点之一。有文献报道了贵金属掺杂 TiO_2 诱发可见光光催化活性[4-8]，其活性来自于贵金属的 SPR (Surface Plasmon Resonance) 效应。SPR 效应使贵金属掺杂的 TiO_2 能在可见光下被活化，通过增强贵金属粒子周围的电场而增加表面电子的激发，并且提高了电子与空穴的分离能力，从而达到活性提高的目的。

Anandan 等[9]研究了银掺杂 TiO_2 纳米粒子在可见光下对纺织染料活性红 88 的降解，取得了较好的结果。较其他贵金属，银价格相对低廉且容易制备，更适合应用于工业。[10]再者，光催化氧化反应的速率由光生电荷转移给 O_2 的速率所控制，银对氧气有着特殊的吸附能力，[11]因而有利于提高光催化反应的速率。基于以上原因，本章制备了 $H_3PW_{12}O_{40}/Ag-TiO_2$ 三元体系的光催化材料，在模拟太阳光条件下，以酞酸酯和抗生素（磺胺甲噁唑）为模型污染物，对复合材料的光催化活性进行评价。

磺胺类药物（Sulfamides，SAs）是 20 世纪 30 年代被发现的能有效防治全身细菌性感染的最早人工合成的化学药品之一，是一类具有对氨基苯磺酰胺结构的抗生素药类的总称。因为磺胺类药物具有广谱抗菌、抗球虫和价廉易得等特点，至今仍在世界各地广泛应用。在英国和新西兰 SAs 是第二类使用最广泛的药物，每年的销售量分别为 21% 和 25%。[12]在我国，磺胺类药物的产量也在不断增长，1998 年我国 SAs 的产量是 1 万吨，2003 年我国 SAs 的产量已经超过 2 万吨。目前在大多数国家，磺胺类药物主要作为畜禽治疗和预防用药添加到饲料中，只有在一些发展中国家还作为人的抗菌消炎药物使用。磺胺甲噁唑是最具有代表性的磺胺类药物之一，其生物降解率低，因其对微生物有抑制作用，因此将光催化氧化技术应用于处理磺胺甲噁唑废水具有重要的实际意义。

第一节　磺胺类药物废水处理方法的研究现状

一、磺胺类药物的理化性质

磺胺类药物一般为白色或微黄色的结晶粉末，无臭，基本无味，微溶于水，易溶于乙醇和丙酮，在氯仿和乙醚中几乎不溶解。SAs（除磺胺脒）因为含有伯胺基和磺酰胺基而呈酸碱两性，可溶于酸、碱溶液中。大部分磺胺类药物的 pKa 在 5～8 范围内，等电点为 3~5。图 5-1 所示的是磺胺类药物的母核结构，绝大部分的磺胺类药物均含有该母核结构，只是取代基 R 不同。

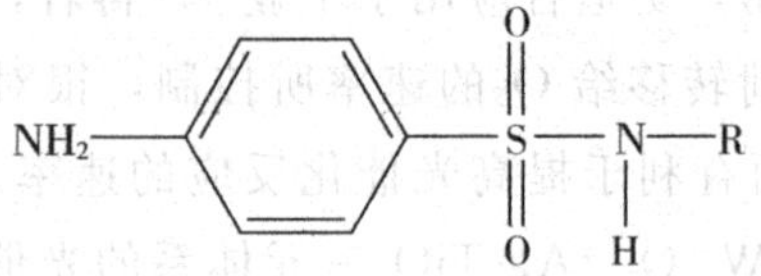

图 5-1 磺胺类药物的母核结构

Fig. 5-1 Common structure of sulfonamides

二、磺胺类药物的危害

环境药物残留是指药物被人类、牲畜和水产生物等使用后的活性代谢物，或是这个过程的原型以及给药过程中的不完全利用及药物通过各种途径进入土壤、水体等，造成环境中存在一定浓度药物的情况。SAs 类药物残留可能对人类、动物健康和生态环境产生的危害如下：

（1）毒理作用：如磺胺二甲嘧啶能诱发人的甲状腺癌[13]；磺胺甲噁唑能够干扰动物甲状腺合成甲状腺素，诱发啮齿动物甲状腺增生，并有致肿瘤倾向。[14] 有的磺胺类药物可抑制骨髓细胞、红细胞或血小板的生成，进而破坏造血机能。

（2）诱导耐药菌株：其中最主要的危害是使病原菌产生的药物拮抗剂增加，如耐药金黄色葡萄球菌合成对氨基苯甲酸（PABA）的数量为敏感菌的 70 倍。人在食用含有药物残留的动物源性食品后，容易诱导耐药菌株的出现，使药物失去治疗疾病的价值。

（3）过敏反应：磺胺类药物能引起人和动物的过敏反应，轻者引起皮肤瘙痒和荨麻疹，重者引起急性血管性水肿和休克，甚至死亡。[15]

（4）破坏生态环境的多样性：SAs 对低等水生生物有较大的影响，这些对药物敏感的种群在长期药物作用下减少、消失或耐药性增强。

磺胺类药物的种类有数千种，但应用较广并有一定疗效的只有几十种，其中的代表性药物有：磺胺二甲基嘧啶、磺胺嘧啶、磺胺甲噁唑、磺胺间甲氧嘧啶、磺胺喹噁啉等。

姜蕾等研究了长江三角洲地区城市生活污水、养猪场和甲鱼养殖场废水中抗生素的污染情况，结果表明：在三种典型废水中，养猪场废水检出抗生素的种类最多，浓度也最高；磺胺类在三种废水中检出频率最高，尤其是磺胺甲噁唑、磺胺二甲嘧啶和磺胺甲氧嘧啶。这说明城市生活污水、畜禽养殖场废水和水产养殖废水都是水环境潜在的抗生素污染源。[16] Hirsch 等对德国污水处理厂出水中大环内酯类、磺胺类、青霉素类和四环素类抗生素的含量进行了研究。结果表明：污水处理厂出水中红霉素、罗红霉素和磺胺甲噁唑的检出频率较高，浓度达 6 μg/L。四环素类和青霉素类的检出浓度分别在 50 ng/L 和 20 ng/L 以下。[17] 1999 年在美国 139 条江河中检测出四环素类、大环内酯类、磺胺类和氟喹诺酮类等 31 种抗生素，其中红霉素和磺胺甲噁唑的浓度分别达到 1.7 和 1.9 μg/L[18]。

由此可以看出，在国内外的水体中磺胺甲噁唑是出现频率较高、含量较大的一种磺胺类药物。

磺胺甲噁唑（Sulfamethoxazole，SMZ）的化学名 N－（5－甲基－3－异噁唑基）－4－氨基苯磺酰胺，分子式为：$C_{10}H_{11}N_3O_3S$，MW 253.28，其结构式如图 5-2 所示。磺胺甲噁唑是白色结晶性粉末，无臭，味微苦，熔点 168～172 ℃。在丙酮、稀盐酸和碱液中易溶，在乙醇中略溶，在水、氯仿和乙醚中几乎不溶。

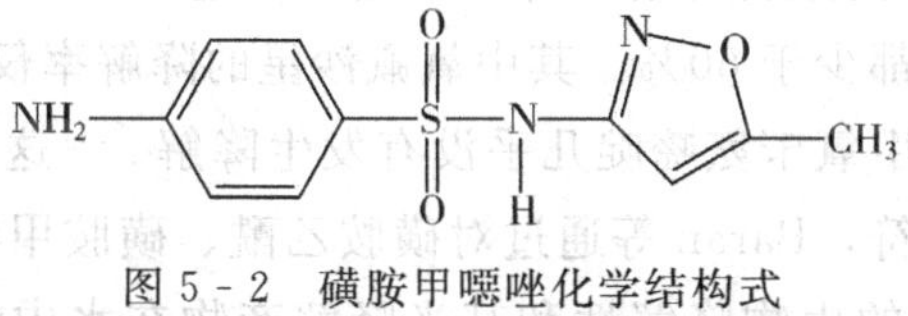

图 5-2 磺胺甲噁唑化学结构式

Fig. 5-2 Chemical constitution of sulfamethxazole

磺胺甲噁唑在临床上主要用于呼吸道和泌尿系统的感染。由于其与抗菌增效剂甲氧苄氨嘧啶联合制备的药物复方新诺明，具有抗菌广谱、疗效确切、使用方便、价格低廉等优点，是目前在兽医临床上和鱼类养殖中最广泛使用的磺胺类药物之一。SMZ 主要是以原药的形式进入污水和有机肥料中，Baran 等研究了 SMZ 在水中的毒性和生物降解性，发现 SMZ 的生物降解性较差，半数效应浓度（EC50）高于磺胺乙酰和磺胺噻唑。[19] 而且磺胺甲噁唑在有机肥料中也相当稳定，当伴随有机肥料一起施于土壤时仍可保持活性。[20] 由此可以看出磺胺甲噁唑在环境中是比较稳定的。

三、磺胺类药物的废水处理技术

目前常用来处理药物废水的方法主要有物理法、生物法和光化学氧化法。

许月卿等采用 DRHⅢ型大孔吸附树脂对磺胺脒废水进行处理，结果表明：DRHⅢ型大孔树脂对磺胺具有良好的吸附性能，废水经过处理后 COD 去除率约为 86%。[21] Liu 等研究了介孔活性炭吸附磺胺、磺胺二甲嘧啶和罗红霉素的行为，介孔活性炭对磺胺、磺胺二甲嘧啶和罗红霉素的最大吸附量分别是 176.49 mg/g、202.47 mg/g、469.04 mg/g；在 pH 值 4～11 之间吸附能力变化不大。[22]

由于磺胺类药物的废水具有有机物浓度高、pH 值高、氨氮含量高等特征，而且含大量抑菌性有机物，因此较难生物降解。Radka Alexy 研究了 18 种抗生素的生物降解能力，通过研究发现这 18 种抗生素的生物降解性都非常差。经过 28 d 的时间，所有抗生素的降解率都少于 60%。其中氧氟沙星的降解率仅为 7.5%，而磺胺甲噁唑和甲氧苄氨嘧啶几乎没有发生降解。[23] 这也与 Baran 等的研究结果相符，Baran 等通过对磺胺乙酰、磺胺甲噁唑、磺胺噻唑和磺胺嘧啶的生物降解性和其光降解产物在水中毒性的研究表明：磺胺类药物的生物降解性较差，光降解中间体的毒性明显低于母体。[19]常红等对北京 6 个主要污水处理厂中的磺胺类药物进行了监测，发现磺胺甲噁唑的平均浓度水平最高，很难用生物方法处理。[24]

梁凤颜等研究 UV－TiO$_2$ 光催化氧化降解磺胺嘧啶（SDZ）的行为，结果表明：TiO$_2$ 的用量、反应起始 pH、SDZ 的初始浓度、反应时间等因素影响降解效率，最佳降解率达到 99.9％，说明 UV-TiO$_2$ 光催化氧化能够有效降解水中的磺胺类微污染物。[25]

对于物理处理方法而言，它不能使污染物的成分发生变化，只能从液相转移到固相；磺胺类污染物生物降解较差，对微生物有抑制作用，因此很难大规模应用；光化学氧化法处理有机废水具有无选择性、矿化彻底、无二次污染等特点，因此已经广泛应用于工业污水、生活污水等方面。

第二节　复合材料的制备与光催化试验方法

一、银掺杂二氧化钛负载型多酸的制备

样品 H$_3$PW$_{12}$O$_{40}$/Ag-TiO$_2$ 的制备（合成路线见图 5－3）过程如下：

室温下将 8.5 mL 的钛酸四丁酯逐滴加入 20 mL 的无水乙醇中，搅拌 60 min，得到均匀透明的黄色溶液 A，搅拌完全置于分液漏斗中备用。室温下将一定质量的硝酸银溶于 6 mL 的无水乙醇、2 mL 冰醋酸的混合溶液中，避光搅拌 30 min，形成溶液 B。在避光条件下，将溶液 A 缓慢滴加到溶液 B 中，继续搅拌 60 min，得到无色均匀透明的溶胶。室温下，将 0.4 g H$_3$PW$_{12}$O$_{40}$ 溶于 3 mL 无水乙醇中，得到溶液 C，充分混合之后置于分液漏斗中。避光条件下将溶液 C 缓慢滴加到上述溶胶溶液中，用浓硝酸调 pH＝1～2，加 2 mL 去离子水继续搅拌 2～3 h，得到白色半透明溶胶。陈化 12 h 之后，得到白色凝胶。将白色凝胶置于 30 mL 高压反应釜中，以 2 ℃/min 的速率加热到 200 ℃，恒温 2 h。冷却至室温后，

将所得产品在 50 ℃条件下干燥 12 h。干燥之后用水洗涤三次，50 ℃干燥，磨细，最终得到紫黑色晶状的 $PW_{12}/Ag\text{-}TiO_2$。标记为 $PW_{12}/Ag\text{-}TiO_2\text{-}x$，其中 x 表示 Ag 的质量百分含量。

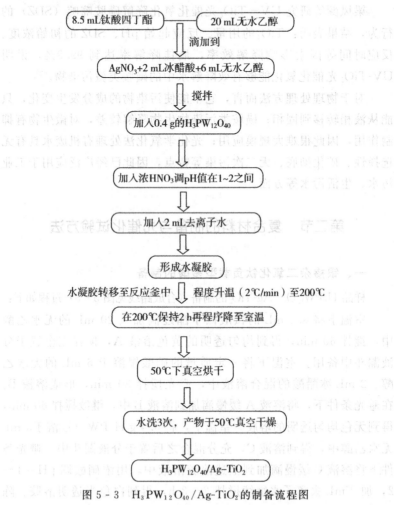

图 5 - 3　$H_3PW_{12}O_{40}/Ag\text{-}TiO_2$ 的制备流程图

Fig. 5 - 3　The preparation process of $H_3PW_{12}O_{40}/Ag\text{-}TiO_2$ composite

二、光催化降解实验

（1）光催化降解实验的装置同第四章第二节。

（2）DEP 的降解实验步骤同第四章第二节。

（3）磺胺甲噁唑的降解实验步骤：

配制 40 mg/L 的 SMZ 反应液 100 mL。向反应液中加入200 mg 的 $H_3PW_{12}O_{40}$/Ag-TiO$_2$ 催化剂。将上述悬浮液超声 10 min，在无光源照射的条件下搅拌 30 min，使 H_3PW_{12}/Ag-TiO$_2$ 复合材料与 SMZ 达到吸附－脱附平衡。开启光源，并在整个反应过程中不断搅拌，使 H_3PW_{12}/Ag-TiO$_2$ 复合材料与 SMZ 充分接触。该催化体系是敞开的，以保证反应过程中有充足的氧气。反应的前1 h，每隔 15 min 取出一定量的反应液；反应的后 1 h，每隔 30 min，取出一定量的反应液，经过离心、过滤后，测定 SMZ 的浓度。

（4）液相色谱的测试条件：

邻苯二甲酸二乙酯：C$_{18}$柱；紫外检测器（$\lambda = 227$ nm）；流动相 70％乙腈＋30％水；流速 0.9 mL/min。磺胺甲噁唑：C$_{18}$柱；紫外检测器（$\lambda = 270$ nm）；流动相 50％甲醇＋50％水；流速 0.6 mL/min。

第三节　银掺杂二氧化钛负载型多酸的表征

一、电感耦合等离子体－原子发射光谱分析

为考查合成产物中 $H_3PW_{12}O_{40}$ 和 Ag 的担载量及复合材料的组成和结构，首先进行了 ICP-AES 测试。测定前，样品用氢氟酸和硝酸溶解。分别测定了上述合成产物中 Ag、P、W 的含量，根据其含量计算了 $H_3PW_{12}O_{40}$ 和 Ag 在合成产物中的担载量，结果如表 5－1 所示。从表中可以看出，$H_3PW_{12}O_{40}$ 的担载量在 19％左右，当 Ag 的投料量为 0.5％，1％，2％，5％和 20％时，所对应担载量分别为 0.2％，0.7％，1.6％，4.8％和 16.8％。由此可以看出

随着 Ag 投料量的增加，$H_3PW_{12}O_{40}$/Ag-TiO$_2$复合材料中 Ag 的担载量增加。由 ICP-AES 数据初步确定，$H_3PW_{12}O_{40}$ 和 Ag 存在于 $H_3PW_{12}O_{40}$/Ag-TiO$_2$复合材料中。

表 5 - 1 $H_3PW_{12}O_{40}$/Ag-TiO$_2$复合材料中 $H_3PW_{12}O_{40}$ 和 Ag 的担载量
Fig. 5 - 1 Loading of $H_3PW_{12}O_{40}$ and Ag in $H_3PW_{12}O_{40}$/Ag-TiO$_2$ composites

样品	$H_3PW_{12}O_{40}$ 的担载量	Ag 的担载量
PW$_{12}$/Ag—TiO$_2$—1	19.3%	0.2%
PW$_{12}$/Ag—TiO$_2$—2	19.5%	0.7%
PW$_{12}$/Ag—TiO$_2$—3	19.5%	1.6%
PW$_{12}$/Ag-TiO$_2$—4	19.4 %	4.8%
PW$_{12}$/Ag-TiO$_2$—5	19.7%	16.8%

二、X-射线粉末衍射分析

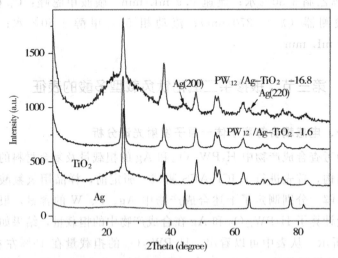

图 5 - 4　Ag、TiO$_2$ 和 PW$_{12}$/Ag-TiO$_2$ 的 XRD 谱图
Fig. 5 - 4　XRD patterns of pure Ag、pure TiO$_2$ and PW$_{12}$/Ag-TiO$_2$ composites.

对制备的纯 Ag、TiO$_2$ 和 PW$_{12}$/Ag-TiO$_2$ 复合材料的晶相结构通过 XRD 进行了表征，如图 5 - 4 所示。

纯 Ag 为立方相晶型，其 2θ 分别在 38.2°（111），44.5°（200），64.5°（220）和 77.5°（311）（JCPDS 03-0921）；TiO$_2$ 为纯锐钛矿结构，衍射峰位分别为 25.3°（101），37.8°（103，004，and 112），48.0°（200），54.4°（105，211），62.7°（204），68.8°（116），75.3°（215），82.5°（303）（JCPDS 21-1272）。

从图 5 - 4 中可以看出，Ag 掺杂量的变化对 PW$_{12}$/Ag－TiO$_2$ 复合材料的相结构没有明显影响，纳米复合材料主要为锐钛矿结构。在 PW$_{12}$/Ag-TiO$_2$-1.6 复合材料的 XRD 谱图中没有看到 Ag 的衍射峰，只有锐钛矿 TiO$_2$ 的衍射峰。而在 PW$_{12}$/Ag-TiO$_2$-16.8 复合材料的 XRD 谱图中，在 44.5°和 64.5°处出现了弱的衍射峰，这两个衍射峰分别对应于立方 Ag 的（200）和（220）衍射面，其他衍射峰归属于锐钛矿 TiO$_2$。说明只有在 Ag 的掺杂量足够大时，才能被 XRD 检测出来，并且产物中 Ag 以立方晶相存在。在图中没有看到 Keggin 结构的 H$_3$PW$_{12}$O$_{40}$ 衍射峰，说明 H$_3$PW$_{12}$O$_{40}$ 已经均匀分散在 TiO$_2$ 的结构中。

样品的粒子尺寸由（101）衍射峰通过 Sherrer 公式进行计算：

$$D = 0.89\lambda/\beta\cos\theta$$

其中 D 表示粒子尺寸，λ 为 X 射线照射波长（铜靶为 0.154 nm），β 为半峰宽，θ 为衍射角。当 Ag 掺杂量由 1.6% 增加到 16.8% 时，锐钛晶粒的尺寸由 11.8 nm 增加到 17.4 nm。张靖峰等制备了 Ag/ZnO 光催化剂，研究发现：随着 Ag 的担载量增加，ZnO 的粒径逐渐增大，他认为这可能是由于 AgNO$_3$ 的热分解是放热过程，所以在 Ag 的担载量增加的情况下放热量增加，进而促使 ZnO 晶粒进一步增长。[26] 因此在本实验中 PW$_{12}$/Ag-TiO$_2$ 复合材料的晶粒尺寸随着 Ag 的担载量的增加而增加，也可能是由于 AgNO$_3$ 在程序升温的过程中放热的结果。

三、紫外－可见漫反射光谱分析

为了研究 Ag 对所制备 $PW_{12}/Ag-TiO_2$ 纳米复合材料光吸收性质的影响，本文测试了不同 Ag 掺杂量的 $PW_{12}/Ag-TiO_2$ 复合材料的 UV-vis/DRS，为了便于比较，对 TiO_2、$H_3PW_{12}O_{40}$、Ag/TiO_2 也进行了测试，结果如图 5 - 5 所示。从图中可以看出，$H_3PW_{12}O_{40}$ 在 190 nm 和 260 nm 处有两个强吸收峰，其中，190 nm 附近的吸收峰归属于 $O_d{\rightarrow}W$ 之间的荷移跃迁，也就是 $W=O_d$ 键 O_{2p} 轨道向 W_{5d} 空轨道的荷移跃迁。发生在 260 nm 处的吸收峰归属于 $O_{b,c}$ ${\rightarrow}W$ 之间的荷移跃迁，也就是 $W-O_{b/c}-W$ 上 O_{2p} 轨道上的电子向 W_{5d} 空轨道上的荷移跃迁。与 TiO_2 相比，PW_{12}/TiO_2 复合材料的吸收光谱发生了蓝移，这与第四章的结果相同，可能是由于量子尺寸效应引起的。

当复合材料掺 Ag 后在可见光区（400～800 nm）产生了吸收，与 $PW_{12}/Ag-TiO_2$-0.7 相比，Ag/TiO_2-0.7 催化剂在可见光区的吸收很弱，说明 $H_3PW_{12}O_{40}$ 的加入促进了 $PW_{12}/Ag-TiO_2$ 对可见光的吸收。同时 $PW_{12}/Ag-TiO_2$ 复合材料对可见光的吸收随着 Ag 的掺杂量的增加而加强，$PW_{12}/Ag-TiO_2$-4.8 在 400～600 nm 处的可见光吸收明显高于 $PW_{12}/Ag-TiO_2$-0.7。$PW_{12}/Ag-TiO_2$ 复合材料对可见光吸收主要源于贵金属的表面等离子体共振效应（SPR）。Whang 等制备了不同 Ag 掺杂量的 TiO_2，通过 UV-vis 分析发现 Ag/TiO_2 在可见光区的光吸收明显增加，掺 Ag 量为 2％时光催化降解甲基蓝的效果最好。研究认为 Ag 的 SPR 效应提高了 Ag/TiO_2 复合材料对可见光的吸收。[27] 陈建华等人采用 Ag 原子对锐钛矿型 TiO_2 半导体进行掺杂，利用基于密度泛函理论的第一性原理研究了 Ag 掺杂 TiO_2 的晶体结构和能带结构。计算表明，Ag 掺杂导致 TiO_2 电子局域能级的出现及禁带变窄，从而导致吸收光谱红移。[28] 在 UV –vis DRS 中没有看到 $H_3PW_{12}O_{40}$ 的吸收峰，表明 $H_3PW_{12}O_{40}$ 均匀分散在复合材料中，这与 XRD 的分析结果一致。

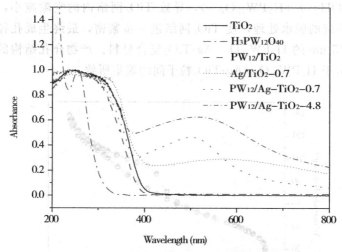

图 5 - 5　不同催化剂的紫外—可见漫反射谱图
Fig. 5 - 5　UV-vis DRS of pure TiO$_2$, PW$_{12}$, PW$_{12}$/TiO$_2$,
Ag/TiO$_2$ and PW$_{12}$/Ag-TiO$_2$ composites.

四、氮气的吸附—脱附分析

PW$_{12}$/Ag-TiO$_2$—0.7 的 N$_2$ 吸附—脱附等温曲线和孔径分布曲线如图 5 - 6 和图 5 - 7 所示。从图 5 - 6 中可以看出，合成的产物在 P/P$_0$ < 0.1 区域 N$_2$ 吸附量迅速增加，根据 IUPAC 定义，此类吸附等温线属 I 型（Type I），这种类型的吸附等温线证明产物具有微孔结构特征。从图 5 - 7（a）中可以看出，这种复合材料的平均微孔孔径为 0.45 nm。另外，产物在 P/P$_0$ = 0.4～0.8 范围内出现滞后环，它属 IV 型（Type IV）的等温线，是介孔材料对 N$_2$ 吸附的特征。从图 5 - 7（b）中可以看出，这种复合材料的平均介孔孔径为 4.2 nm。可以证明合成的产物具有微孔—介孔双孔道结构。微孔结构的形成与合成材料的制备方法密切相关，在 TTIP 水解的过程中，H$_3$PW$_{12}$O$_{40}$ 进入 TiO$_2$ 网络生成 H$_3$PW$_{12}$O$_{40}$/Ti（OH）$_4$ 水凝胶。此时 H$_3$PW$_{12}$O$_{40}$ 与内表面的钛羟基（≡Ti—OH）反应，生成

（≡TiOH₂⁺）（H₂PW₁₂O₄₀⁻），导致 TiO₂ 网络内的空隙减小，再经过后续的脱水处理，使 TiO₂ 网络进一步紧密，最终生成孔径约为 0.45 nm 的 H₃PW₁₂O₄₀/Ag-TiO₂ 复合材料。产物介孔结构的形成是由于 H₃PW₁₂O₄₀/Ag-TiO₂ 粒子间的聚集所致。

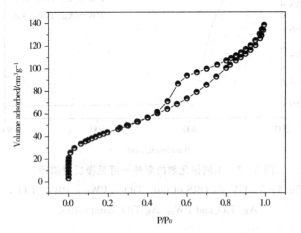

图 5 - 6　PW₁₂/Ag-TiO₂-0.7 的 N₂ 吸附/脱附等温线

Fig. 5 - 6　Nitrogen adsorption/desorption isotherm
of the PW₁₂/Ag-TiO₂-0.7 composite

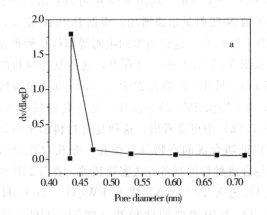

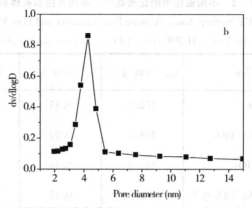

（a）微孔孔径分布曲线（micropore size distribution）

（b）介孔孔径分布曲线（mesopore size distribution）

图 5 - 7　$PW_{12}/Ag\text{-}TiO_2\text{-}0.7$ 的孔径分布曲线

Fig. 5-7　pore size distribution of $PW_{12}/Ag\text{-}TiO_2\text{-}0.7$ composite

按 BJH 模型计算的 $H_3PW_{12}O_{40}/Ag\text{-}TiO_2\text{-}0.7$ 复合材料的 BET 比表面积为 159.7 m^2/g，与母体 $H_3PW_{12}O_{40}$ 相比，$H_3PW_{12}O_{40}/Ag\text{-}TiO_2$ 的 BET 比表面积有了明显的提高，为其光催化活性的提高奠定了基础。不同催化剂的比表面积如表 5 - 2 所示。从表中可以看出，$H_3PW_{12}O_{40}$ 的掺杂提高了复合材料的比表面积，这是因为当体系中存在 $H_3PW_{12}O_{40}$ 时，$H_3PW_{12}O_{40}$ 和 Ti（$\equiv$ TiOH）的羟基形成氢键，进而阻止了单核的 Ti—OH 之间的凝聚，因此复合材料的粒径减小，比表面积增大。对于 $H_3PW_{12}O_{40}$ 和 Ag 共掺杂的复合材料，其比表面积随着 Ag 的掺杂量的增加而减小，当 Ag 的掺杂量为 0.7%，1.6%，4.8% 时，复合材料的比表面积分别是 172.8 $m^2 \cdot g^{-1}$，159.7 $m^2 \cdot g^{-1}$，145.8 $m^2 \cdot g^{-1}$，这可能是由于 Ag 聚集在 $H_3PW_{12}O_{40}/TiO_2$ 上导致比表面积的减小。

表 5 - 2 不同催化剂的比表面积、平均孔径和孔体积

Table. 5 - 2   BET Surface Area，Average Pore Diameter and Pore Volume of the $H_3PW_{12}O_{40}/Ag\text{-}TiO_2$，$H_3PW_{12}O_{40}/TiO_2$，and mesoporous anatase TiO_2

Samples	$S_{BET}{}^a$（$m^2\ g^{-1}$）	$V_p{}^b$（$cm^3\ g^{-1}$）	$D_p{}^c$（nm）
TiO_2	176. 2	0. 37	6. 5
$H_3PW_{12}O_{40}/TiO_2$	208. 1	0. 22	4. 1
Ag/TiO_2	134. 3	0. 18	4. 9
$H_3PW_{12}O_{40}/Ag\text{-}TiO_2$-0. 7	172. 8	0. 17	3. 9
$H_3PW_{12}O_{40}/Ag\text{-}TiO_2$-1. 6	159. 7	0. 19	4. 9
$H_3PW_{12}O_{40}/Ag\text{-}TiO_2$-4. 8	145. 8	0. 19	5. 1

[a] S_{BET}：根据 BET 方程计算；

[b] V_p：孔体积；

[c] D_p：孔径。

五、透射电镜分析

$PW_{12}/Ag\text{-}TiO_2$-1. 6 复合材料的尺寸、形貌如图 5-8 所示。从图中可以看到一些球形的纳米 Ag 颗粒均匀分散在 TiO_2 表面（如图 5 - 8a 中箭头所指），Ag 颗粒的粒径大约为 12 ±2 nm。$PW_{12}/Ag\text{-}TiO_2$-1. 6 复合材料的尺寸在 10 nm 左右。

图 5 - 8b 是高分辨透射电镜（HRTEM），图中可以看到不同的晶格间距，其中 0. 35 nm 的晶格间距，对应于锐钛矿相 TiO_2 的（101）晶面，0. 236 nm 的晶格间距对应于 Ag 的（111）晶面。图 5 - 8b 中的内插图代表 $PW_{12}/Ag\text{-}TiO_2$ 复合材料的选区电子衍射（SAED），其中的每一个衍射环分别代表锐钛矿的一个衍射晶面，进一步证明了 $PW_{12}/Ag\text{-}TiO_2$ 复合材料具有锐钛矿结构。

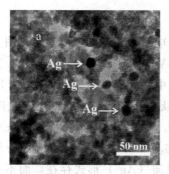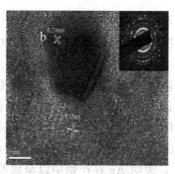

（a）TEM（b）HRTEM　　（b）images of the PW_{12}/TiO_2-0.7 composite

图 5 - 8　PW_{12}/Ag-TiO_2-1.6 的透射电镜

Fig. 5 - 8　TEM (a) and high resolution TEM

图 5 - 9 为合成产物 PW_{12}/Ag-TiO_2-1.6 的 EDX 能谱分析，从图 5 - 9 中可以清晰地看到合成产物中主要为 Ti、O、W、P、Ag 五种元素，Cu 元素是测试所用 Cu 靶引入。Ag 元素的信号出现在 3.00 keV，虽然 Ag 元素的信号相对与 Ti 元素而言很弱，但是它可以进一步证明 Ag 存在于 PW_{12}/TiO_2 复合材料中。

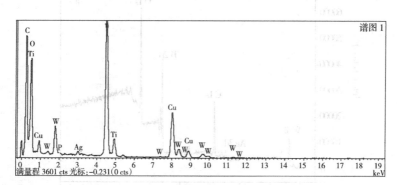

图 5 - 9　PW_{12}/Ag-TiO_2-1.6 的 EDX 谱图

Fig. 5 - 9　EDX of the photocatalyst PW_{12}/Ag-TiO_2-1.6

六、X-射线光电子能谱分析

图 5 - 10 所示为 $PW_{12}/Ag-TiO_2$-4.8 复合材料的 XPS 谱图。如图 5 - 10a 所示，XPS 检测到 Ag、W、Ti、O 和 C 五种元素，其中 C 元素来自于样品表面吸附的空气中的 CO_2。图 5 - 10b 的 O 1s 在 530.1 eV 出现谱峰，它归属于锐钛矿相 TiO_2 的晶格氧。[29]从图 5 - 10c 中可以看出 Ag $3d_{5/2}$ 和 Ag $3d_{3/2}$ 的结合能分别为 368.0 eV 和 374.0 eV，两谱线的能量间距为 6.0 eV，这是金属 Ag 的特征谱峰[30]，表明 Ag 在产物中以金属单质（Ag^0）形式存在，而不是阳离子（Ag^+）形式。

TiO_2 的自旋轨道 Ti $2p_{3/2}$ 和 Ti $2p_{1/2}$ 分别在 458.9 eV 和 464.6 eV 处出峰，与锐钛矿 TiO_2 相一致[31,32]，如图 5 - 10d 所示。从谱图 5 - 10e 中可以看出钨元素具有最高的氧化态 [W (VI)][33]，$PW_{12}/Ag-TiO_2$ 复合材料中 $W4f_{7/2}$ 和 $W4f_{5/2}$ 的结合能分别在 35.3 eV 和 37.2 eV。

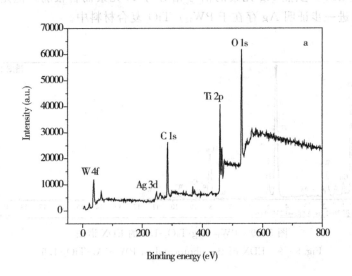

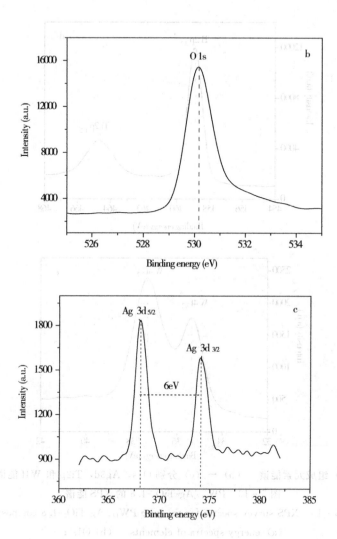

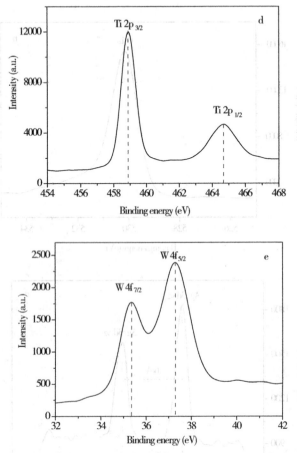

（a）组成元素能谱　　（b）—（e）分别 O1s，Ag3d，Ti2p 和 W4f 能谱

图 5 - 10　PW₁₂/Ag-TiO₂-4.8 的 XPS 能谱

Fig. 5 - 10　XPS survey spectra for the pure PW_{12}/Ag-TiO₂-4.8 composites

（a）energy spectra of elements　　（b）O1s ；

（c）Ag3d；（d）Ti2p；and（e）W4f binding energy regions.

七、红外光谱分析

图 5 - 11 所示的是 TiO_2、$H_3PW_{12}O_{40}$ 及 $H_3PW_{12}O_{40}/Ag-$ TiO_2 复合材料的 FI-IR 光谱图。如图所示，复合材料 $H_3PW_{12}O_{40}/$ $Ag-TiO_2$ 在波数为 1070 cm^{-1}、953 cm^{-1}、877 cm^{-1}、738 cm^{-1} 处呈现出 $H_3PW_{12}O_{40}$ 结构中 $P-O_a$ 键、$W-O_d$ 键、$W-O_b-W$ 键和 $W-O_c-$ W 键的吸收峰（O_a 为中心四面体氧、O_b 为两个八面体共角的桥氧、O_c 为共边的桥氧、O_d 为端氧），证明复合材料中存在 $H_3PW_{12}O_{40}$，且仍保持其 Keggin 结构。

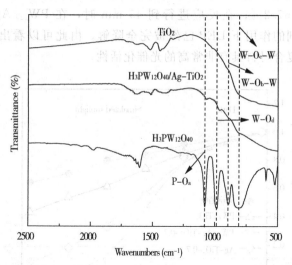

图 5 - 11　TiO_2、$H_3PW_{12}O_{40}/Ag-TiO_2$、$H_3PW_{12}O_{40}$ 的 FT-IR 光谱

Fig. 5 - 11　FT-IR spectra of TiO_2，$H_3PW_{12}O_{40}/Ag-TiO_2$，$H_3PW_{12}O_{40}$

八、模拟太阳光下 $H_3PW_{12}O_{40}/Ag-TiO_2$ 光催化活性的研究

1. 不同催化剂对邻苯二甲酸二乙酯的光催化降解

在模拟太阳光条件下以 DEP 为模型污染物，研究了四种催化剂（TiO_2、PW_{12}/TiO_2、Ag/TiO_2 和 $PW_{12}/Ag-TiO_2$ 复合材料）的光催化活性，实验结果如图 5 - 12 所示。从图中可以看出：暗反应

进行到 30 min 时，PW_{12}/TiO_2、Ag/TiO_2、$PW_{12}/Ag-TiO_2$ 和 TiO_2 对 DEP 吸附率分别为 14.6%、17.8%、14.7% 和 8.8%。由此可以看出，PW_{12}/TiO_2、Ag/TiO_2 和 $PW_{12}/Ag-TiO_2$ 对 DEP 的吸附能力大于 TiO_2，且 PW_{12}/TiO_2、Ag/TiO_2 和 $PW_{12}/Ag-TiO_2$ 对 DEP 的吸附能力接近。说明无论是掺 $H_3PW_{12}O_{40}$ 还是 Ag 都提高了复合材料的吸附能力。

从图 5 - 12 中还可以看出，暗反应后 $PW_{12}/Ag-TiO_2-0.7$ 对 DEP 的光催化降解效率 30 min 时已达到 90.9%，此时 TiO_2、PW_{12}/TiO_2 和 Ag/TiO_2 对 DEP 的降解效率分别只有 20.2%，38.7% 和 67.2%；在反应进行到 45 min 时，在 $PW_{12}/Ag-TiO_2-0.7$ 催化剂的作用下 DEP 已经被完全降解。由此可以看出 $PW_{12}/Ag-TiO_2$ 复合材料具有非常高的光催化活性。

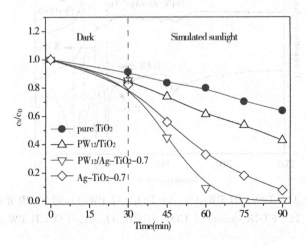

图 5 - 12 不同催化剂光催化降解 DEP 曲线

Fig. 5 - 12 Photocatalytic degradation of DEP with different catalysts.

2. 不同 Ag 担载量的 PW$_{12}$/Ag-TiO$_2$ 光催化活性的研究

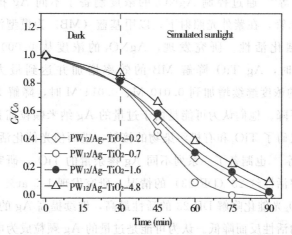

图 5 - 13　不同 Ag 担载量 PW$_{12}$/Ag-TiO$_2$ 复合材料光催化降解 DEP 曲线

Fig. 5 - 13　Photocatalytic degradation of DEP with PW$_{12}$/Ag-TiO$_2$ composites of different loading of Ag.

　　不同 Ag 担载量的 PW$_{12}$/Ag-TiO$_2$ 复合材料对 DEP 的吸附和降解情况如图 5 - 13 所示，从图中可以看出，随着 PW$_{12}$/Ag-TiO$_2$ 复合材料中 Ag 掺杂量的增加，吸附能力并没有发生明显变化，复合材料对 DEP 的吸附量大约在 15 ±2%。从图中还可以看出，当反应时间为 30 min，复合材料中 Ag 掺杂量为 0.2%，0.7%，1.6%，4.8% 时，对 DEP 的降解效率分别为 72.8%，90.9%，69.5%，61.1%。由此可以看出，PW$_{12}$/Ag-TiO$_2$-0.7 催化剂的活性最高，Ag 的掺杂量过高会降低催化剂降解 DEP 的能力，产生这种现象的原因可能是：

　　(1) 过量的 Ag 纳米粒子覆盖在 TiO$_2$ 表面，阻碍了 TiO$_2$ 与有机污染物的接触，同时降低 TiO$_2$ 表面光生载流子的数量，从而降低了 PW$_{12}$/Ag-TiO$_2$ 复合材料的光催化活性。[34]

　　(2) 过量的 Ag 反而促进了 TiO$_2$ 表面电子和空穴的复合，致

使 PW_{12}/Ag-TiO_2 复合材料的活性降低。[27]

Sun 等[35] 通过控制 $AgNO_3$ 的浓度制备了不同 Ag 担载量的 TiO_2 纳米管，在紫外光照射下，以甲基蓝（MB）为模型污染物考查其光催化活性。研究发现，$AgNO_3$ 的浓度从 0.000 增加到 0.006 M时，Ag/TiO_2 降解 MB 的效率增加并达到最大值；当 $AgNO_3$ 的浓度继续增加到 0.010 M、0.014 M 时，降解 MB 的效率反而下降。他们认为可能是由于过量的 Ag 纳米颗粒捕获了光生空穴并阻碍了 TiO_2 和有机污染物的接触，进而使光催化活性降低。Sobana 等[36] 也制备了一系列不同 Ag 掺杂量的 TiO_2，研究了其光催化降解活性红 23（DR 23）的情况，研究发现 1.5 at% Ag 掺杂量的 TiO_2 光催化降解 DR 23 的活性最高，继续提高 Ag 的掺杂量，催化剂的活性反而降低。认为可能是过量的 Ag 颗粒成为电子—空穴复合的中心，这些结论与本文的研究结果相符。

因此在制备 PW_{12}/Ag-TiO_2 复合材料时，控制好 Ag 的担载量是获得较高活性催化剂的主要因素。

3. 不同催化剂对磺胺甲噁唑的光催化降解

图 5 - 14 所示的是 TiO_2、PW_{12}/TiO_2、Ag/TiO_2 和 PW_{12}/Ag-TiO_2 在模拟太阳光照射下光催化降解 SMZ 的情况。从图中可以看出，在模拟太阳光的照射下 SMZ 发生了直接光解，120 min 时降解了 30.8%。在无光照的条件下催化剂分散在 SMZ 溶液中 30 min 后，SMZ 的浓度减小，TiO_2、PW_{12}/TiO_2、Ag/TiO_2-0.7 和 PW_{12}/Ag-TiO_2-0.7 对 SMZ 吸附量分别为 7.5%、11.3%、12.4% 和 17.1%。由此可以看出，PW_{12}/TiO_2、Ag/TiO_2 和 PW_{12}/Ag-TiO_2 对 SMZ 的吸附能力要大于 TiO_2，这可能是磺胺甲噁唑的胺基和 $S=O$ 与 $H_3PW_{12}O_{40}$ 之间形成氢键，提高了 PW_{12}/TiO_2 和 PW_{12}/Ag-TiO_2 的吸附性，吸附机理如图 5 - 15 所示。

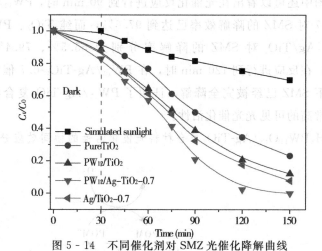

图 5 - 14　不同催化剂对 SMZ 光催化降解曲线

Fig. 5 - 14　Photocatalytic degradation of SMZ with different catalysts.

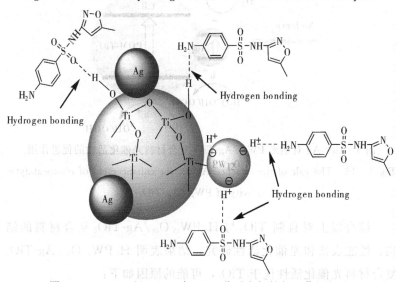

图 5 - 15　PW₁₂/Ag-TiO₂ 与 SMZ 分子之间的相互作用机理

Fig. 5 - 15　The interaction mechanism between the PW_{12}/Ag-TiO_2
and SMZ molecules in the dark

从图中还可以看出在光催化反应进行到 90 min 时，$PW_{12}/Ag\text{-}TiO_2\text{-}0.7$ 对 SMZ 的降解效率已达到 97.6%，而纯 TiO_2、PW_{12}/TiO_2 和 Ag/TiO_2 对 SMZ 的降解率分别为 65.5%、79.4% 和 82.4%；在反应进行到 120 min 时，在 $PW_{12}/Ag\text{-}TiO_2\text{-}0.7$ 催化剂的作用下 SMZ 已经被完全降解，证明了 $PW_{12}/Ag\text{-}TiO_2$ 复合材料具有非常高的可见光光催化活性。

4. $H_3PW_{12}O_{40}/Ag\text{-}TiO_2$ 复合材料光催化活性的协同效应分析

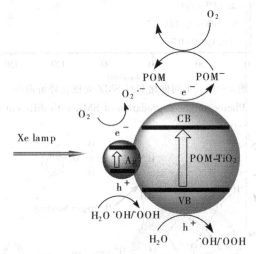

图 5 - 16　Ag 对纳米 $PW_{12}/Ag\text{-}TiO_2$ 复合材料光催化活性的促进作用

Fig. 5 - 16　The role of the attached Ag for the enhancement of photocatalytic activity of $PW_{12}/Ag\text{-}TiO_2$

综合以上对自制 TiO_2 与 $H_3PW_{12}O_{40}/Ag\text{-}TiO_2$ 复合材料的结构、性能表征和光催化活性研究，结果表明 $H_3PW_{12}O_{40}/Ag\text{-}TiO_2$ 复合材料光催化活性优于 TiO_2，可能的原因如下：

（1）与 TiO_2 相比，$PW_{12}/Ag\text{-}TiO_2$ 复合材料对 DEP 和 SMZ 的吸附能力更强，这对提高光催化活性起到了重要的作用，因为吸附作用是光催化反应的第一步。

（2）$H_3PW_{12}O_{40}$ 和 Ag 的共掺杂提高了 TiO_2 体系的光量子效率，进而提高了 $PW_{12}/Ag\text{-}TiO_2$ 复合材料的光催化活性。$H_3PW_{12}O_{40}$ 具有较强的接受电子的能力，可接受在 TiO_2 表面产生的光生电子，即在 $H_3PW_{12}O_{40}/TiO_2$ 复合材料的内部完成电子转移，从而有效抑制了光生电子与空穴的快速结合，进而提高光催化活性。[37] Ag 纳米粒子的费米能级比 TiO_2 低，因此也具有较强的接受电子能力，很容易捕获 TiO_2 表面的光生电子，进而起到有效分离 TiO_2 表面光生电子和空穴的作用[38-40]，如图 5-16 所示。

（3）$PW_{12}/Ag\text{-}TiO_2$ 复合材料具有微孔－介孔结构，可使催化反应在孔道内进行，增加了反应物与催化剂接触的机会，进而提高了光催化活性。

（4）Ag 纳米粒子能够被可见光激发产生表面等离子体共振效应（SPR），可以促进激发的表面电子和内部电子的转移，降低了光生电子和空穴复合的几率。[41]

（5）Ag 的掺入使 TiO_2 产生晶格缺陷，这种晶格缺陷有利于捕获光生电子，从而起到了抑制光生电子和空穴再复合的作用。[42]

第四节　银掺杂二氧化钛负载型多酸光催化降解磺胺甲噁唑实验条件的研究

一、Ag 掺杂量变化对光催化降解 SMZ 的影响

本实验研究了在模拟太阳光条件下，Ag 掺杂量对 SMZ（40 mg/L）光催化降解率的影响，如图 5-17 所示。

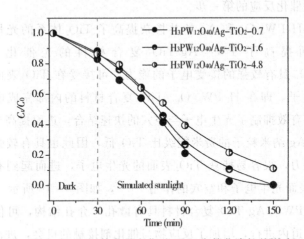

图 5 - 17 Ag 掺杂量变化对 SMZ 光催化降解的影响

Fig. 5 - 17 Influence of different catalysts on the photocatalytic degradation of SMZ

从图中可以看出，无光照的条件下溶液 SMZ 的浓度变化不大，PW_{12}/Ag-TiO$_2$-0.7、PW_{12}/Ag-TiO$_2$-1.6、PW_{12}/Ag-TiO$_2$-4.8 对 SMZ 的吸附率分别为：17.1%、11.8%、13.8%。从图中还可以看出，模拟太阳光照条件下，当反应进行到 120 min 时，复合催化剂对 SMZ 的降解率分别达到了 97.6%、89.6%、78.6%。证明了掺 Ag 的复合催化剂具有较好的可见光催化活性，Ag 掺杂量为 0.7%时光催化活性最高，并随 Ag 的掺杂量的增加可见光活性逐渐变低，说明 Ag 有个最佳的掺杂量。分析认为：当无光条件下，$H_3PW_{12}O_{40}$ 与 SMZ 之间形成了氢键，提高了吸附性。而当模拟太阳光照射下，由于 $H_3PW_{12}O_{40}$ 的掺杂能有效地遏止光生电子-空穴的复合。另外，从 O1s 的 XPS 显示出，Ag 的掺杂使复合催化剂表面的吸附氧明显增加，随之增加了光生电子向吸附氧转移，从而提高光催化活性。但 Ag 掺杂量过大时，对光生电子的俘获率降低，光生电子-空穴对减少，从而复合材料光催化活性降低。

二、催化剂用量变化对光催化降解 SMZ 的影响

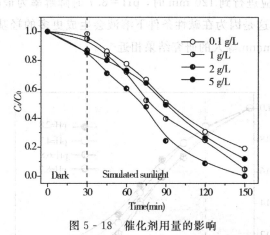

图 5 - 18　催化剂用量的影响

Fig. 5 - 18　The influence of the amount of catalyst

本实验研究了在模拟太阳光条件下，催化剂的投加量对 SMZ 光催化降解率的影响，催化剂的用量分别为 0.1 g/L、1.0 g/L、2.0 g/L、5.0 g/L，结果如图 5 - 18 所示。从图中可以看出，溶液 SMZ 的降解率随复合催化剂用量的增加（0.1～2.0 g/L 之间）而增加。但复合催化剂用量达到 5.0 g/L 时，催化降解率明显不如用量 1.0 g/L、2.0 g/L。催化剂用量的增加，能有助于光生电子的生成，从而反应速率加快，但催化剂增加到一定用量时，会对催化剂的光吸收有一定的影响，不能很好吸收光（会造成光的散射），从而影响到光生电子向吸附氧转移，导致催化反应速率下降。本论文实验催化剂用量最佳值为 2.0 g/L。

三、pH 值变化对光催化降解 SMZ 的影响

本实验研究了在模拟太阳光条件下，pH 值（2.8～8.7）变化对 PW_{12}/Ag-TiO$_2$-0.7 光催化降解 SMZ 的影响，实验结果如图 5 -

19。图中数据表明，在 pH＝2.8～6.8 范围内，随初始 pH 值的增高，复合催化剂 $PW_{12}/Ag-TiO_2$-0.7 对溶液 SMZ 的光催化降解率增大，当反应进行到 120 min 时，pH＝8.7 时降解率为最高，达到了 98.9%，这是因为在碱性条件下溶液会生成更多的羟基自由基，这与 Strathmann 等人的研究结果相近[43]。

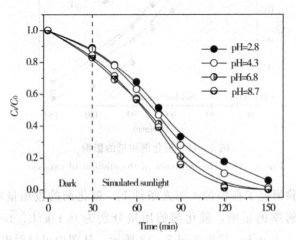

图 5 - 19 pH 变化对 SMZ 的光催化降解的影响

Fig. 5 - 19 Influence of different pH value on the
photocatalytic degradation of SMZ

四、初始浓度变化对光催化降解率的影响

本实验研究了在模拟太阳光条件下，初始浓度变化对 $PW_{12}/Ag-TiO_2$-0.7 光催化降解 SMZ 的影响，其初始质量浓度分别为：20 mg/L、40 mg/L、60 mg/L、80 mg/L 实验结果如图 5 - 20 所示。从图 5 - 20（a）可知，当反应进行到 90 min 时，初始质量浓度为20 mg/L、40 mg/L、60 mg/L、80 mg/L 对 SMZ 的降解效果有明显的差别，则降解率分别为 85.2%、75.7%、59.8%、

54.2%。然而当进行到 120 min 时，对 SMZ 的降解率分别为 99.9%、91.3%、79.3%、69.9%。由此可知，随初始浓度的增加，对 SMZ 的降解率逐渐降低。这是因为随 SMZ 的初始质量浓度的增加，增加了复合催化剂表面对 SMZ 粒子的吸附，从而影响了复合催化剂对可见光的吸收，溶液中强氧化自由基 OH· 也随之减少，所以初始质量浓度过高对催化降解率有很大的影响。

图 5-20（b）是初始浓度对 SMZ 一级动力学常数的影响曲线。从图中可以看出，光催化降解过程符合准一级动力学方程（式 5-1）。反应速率随初始浓度的增加而减小，初始质量浓度为 20 mg/L、40 mg/L、60 mg/L、80 mg/L 时，反应速率常数分别为 0.0286，0.0258，0.0189，0.0129。

$$\ln \frac{c_o}{c_o - c_t} = kt \tag{5-1}$$

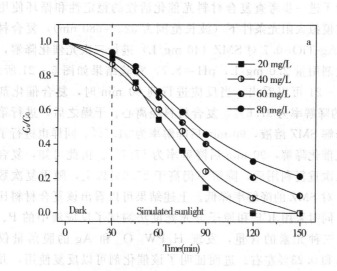

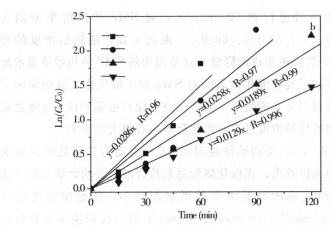

图 5 - 20 初始浓度变化对 SMZ 的光催化降解的影响

Fig. 5 - 20 Influence of different initial concentration
on the photocatalytic degradation of SMZ

五、催化剂的重复利用对光催化降解 SMZ 的影响

为了进一步考查复合材料光催化活性的稳定性和循环使用寿命，在模拟太阳光条件下（波长范围为 320～680 nm），复合材料 $PW_{12}/Ag\text{-}TiO_2\text{-}0.7$ 对 SMZ（40 mg/L）进行三次光催化降解，复合催化剂用量 2.0 mg/L，pH＝8.7，实验结果如图 5 - 21 所示。从图 5 - 21 可以看出，当反应进行到 90 min 时，复合催化剂对 SMZ 的降解率为 97.6%。复合材料经离心、干燥之后，进行第二次光降解 SMZ 溶液，90 min 后降解率为 91.7%。同样也进行了第三次光催化降解，90 min 后降解率为 87.7%。由此可知，复合材料经三次重复利用后，降解率仍高于 85.0% 以上，随重复次数的增多，对 SMZ 的降解率降低。上述结果可以看出该复合材料比较稳定，同时采用 ICP 和原子分光光度法测试了反应液中的 P、W 和 Ag 三种元素的含量，发现 $H_3PW_{12}O_{40}$ 和 Ag 的脱落量仅为 0.12% 和 0.23% 左右。进而证明了该催化剂可以反复使用，并保持较高的光催化活性。

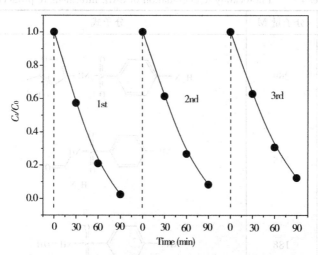

图 5 - 21　催化剂重复利用对 SMZ 的光催化降解的影响

Fig. 5 - 21　Recyclability of the catalyst for the photocatalytic degradation of an aqueousSMZ

第五节　银掺杂二氧化钛负载型多酸光催化降解磺胺甲噁唑实验机理的研究

一、光催化降解过程中间产物的测定

采用高效液相色谱－质谱（ESI-MS）对模拟太阳光条件下，复合材料 $H_3PW_{12}O_{40}/Ag-TiO_2-0.7$ 光催化降解 6 h 后磺胺甲噁唑（SMZ）的中间产物进行了分析测定，结果见表 5 - 3。

表 5 - 3 光催化降解 SMZ 的中间产物

Table. 5 - 2 Photocatalytic degradation of SMZ intermediate products

编号	分子量 M	分子式
1	269	H₂N—C₆H₄—SO₂—NH—(isoxazole ring: N–O, 5-methyl, OH)
2	215	NH₂—C₆H₄—SO₂—NH—C(=O)—NH₂
3	188	NH₂—C₆H₄—SO₂—NH—OH
4	172	NH₂—C₆H₄—SO₂—NH₂
5	157	C₆H₅—SO₂—NH₂
6	155	HN=C₆H₄=SO₂ (quinone imine sulfonyl)

二、光催化降解过程中 TOC 的测定

在模拟太阳光下，考查了复合材料 $H_3PW_{12}O_{40}/Ag\text{-}TiO_2\text{-}0.7$ 光催化降解 SMZ 过程中 TOC 的变化情况，复合催化剂用量 2.0 m/L，pH＝8.7，初始质量浓度为 40 mg/L，结果如图 5-22 所示。

从图 5-22 中可以看出，当反应进行到 1.5 h 时，复合催化剂对 SMZ 的 TOC 去除率为 11％左右，但从图 5-12 中可以看出，此时的 SMZ 已完全被降解。说明此时 SMZ 没有完全矿化，而是产生了新的中间产物，这与 HPLC-MS 和 IC 的检测结果一致。当反应进行到 12 h 时，SMZ 的 TOC 去除率达到了 83.6％，表明 SMZ 已基本转化为 CO_2、H_2O 及无机离子。

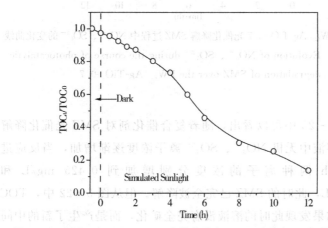

图 5-22　$PW_{12}/Ag\text{-}TiO_2\text{-}0.7$ 光催化降解 SMZ 过程中 TOC 的变化曲线

Fig. 5-22　Evolution of TOC during the course of photocatalytic degradation of SMZ over the $PW_{12}/Ag\text{-}TiO_2\text{-}0.7$

三、光催化降解过程中 NO_3^-、SO_4^{2-} 离子浓度的测定

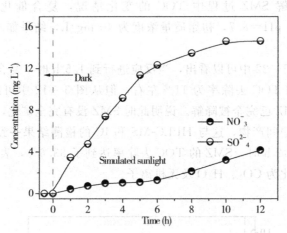

图 5 - 23 PW_{12}/Ag-TiO$_2$-0.7 光催化降解 SMZ 过程中 NO_3^-、SO_4^{2-} 的变化曲线

Fig. 5 - 23　Evolution of NO_3^-、SO_4^{2-} during the course of photocatalytic degradation of SMZ over the PW_{12}/Ag-TiO$_2$-0.7

从图 5 - 23 中可以看出，随着复合催化剂对 SMZ 光催化降解的进行，溶液中无机 NO_3^-、SO_4^{2-} 离子浓度逐渐增加，当反应进行到 1.5 h 两种离子的浓度分别增加到 0.425 mg/L 和 2.451 mg/L，此时的 SMZ 已完全被降解。但从图 5 - 22 中，TOC 除去率的结果发现此时的溶液没有完全矿化，而是产生了新的中间产物，当反应进行到 12 h 时，SMZ 的 TOC 去除率达到了 83.6%，与此同时 NO_3^-、SO_4^{2-} 离子浓度分别增长到了 4.161 mg/L 和 13.644 mg/L，表明 SMZ 最终转化为 CO_2、H_2O 及无机离子。

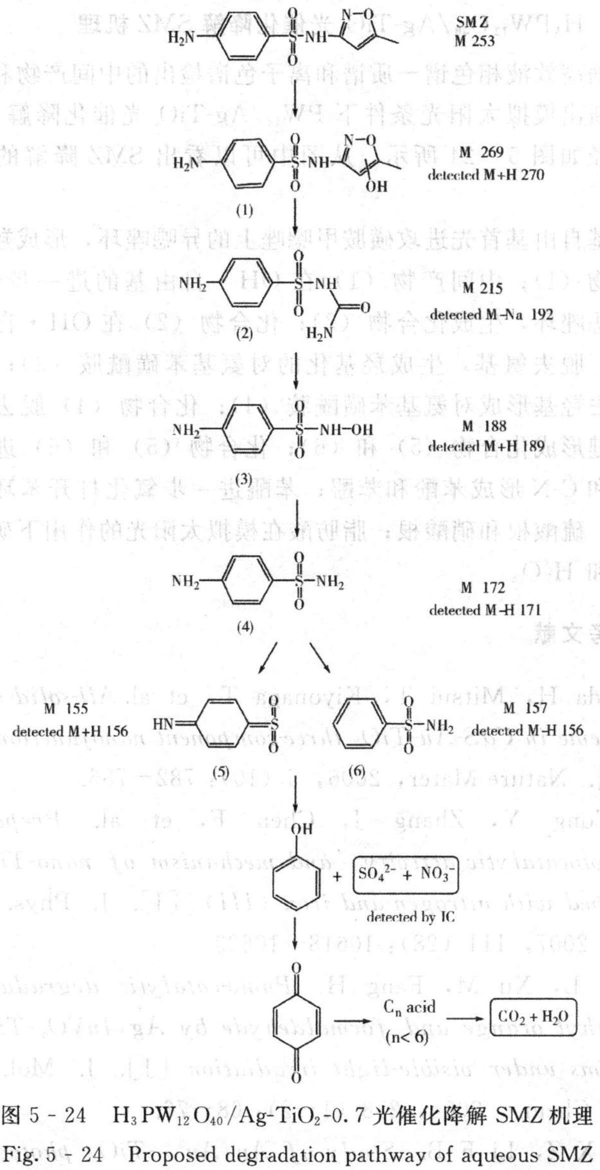

SMZ
M 253

M 269
detected M+H 270

(1)

M 215
detected M-Na 192

(2)

M 188
detected M+H 189

(3)

M 172
detected M-H 171

(4)

M 155
detected M+H 156

(5)

M 157
detected M-H 156

(6)

$SO_4^{2-} + NO_3^-$
detected by IC

C_n acid
(n< 6)

$CO_2 + H_2O$

图 5 - 24 $H_3PW_{12}O_{40}/Ag$-TiO_2-0.7 光催化降解 SMZ 机理

Fig. 5 - 24 Proposed degradation pathway of aqueous SMZ in $H_3PW_{12}O_{40}/Ag$-TiO_2-0.7

四、$H_3PW_{12}O_{40}/Ag\text{-}TiO_2$ 光催化降解 SMZ 机理

根据高效液相色谱—质谱和离子色谱检出的中间产物和相关文献，推断出模拟太阳光条件下 $PW_{12}/Ag\text{-}TiO_2$ 光催化降解 SMZ 的反应路径如图 5 - 24 所示。从图中可以看出 SMZ 降解的可能路径是：

羟基自由基首先进攻磺胺甲噁唑上的异噁唑环，形成羟基化的中间产物（1）；中间产物（1）在 OH·自由基的进一步作用下，打开异恶唑环，生成化合物（2）；化合物（2）在 OH·自由基的作用下，脱去氨基，生成羟基化的对氨基苯磺酰胺（3）；化合物（3）脱去羟基形成对氨基苯磺酰胺（4）；化合物（4）脱去磺酰胺和苯胺键形成化合物（5）和（6）；化合物（5）和（6）进一步脱去 C-S 和 C-N 形成苯酚和苯醌；苯醌进一步氧化打开苯环，生成脂肪酸、硫酸根和硝酸根；脂肪酸在模拟太阳光的作用下矿化，生成 CO_2 和 H_2O。

本章参考文献

[1] Tada H，Mitsui T，Kiyonaga T，et al. *All-solid-state Z-scheme in CdS-Au-TiO₂ three-component nanojunction system* [J]. Nature Mater，2006，5（10）：782—786.

[2] Cong Y，Zhang J，Chen F，et al. *Preparation，photocatalytic activity，and mechanism of nano-TiO₂：co-doped with nitrogen and iron（III）* [J]. J. Phys. Chem. C，2007，111（28）：10618—10623.

[3] Ge L，Xu M，Fang H. *Photo-catalytic degradation of methyl orange and formaldehyde by Ag/InVO₄-TiO₂ thin films under visible-light irradiation* [J]. J. Mol. Catal. A：Chem.，2006，258（1—2）：68—76.

[4] Li X Z，Li F B. *Study of Au/Au³⁺-TiO₂ photocatalysts toward visible photooxidation for water and wastewater*

treatment [J]. Environ. Sci. Technol., 2001, 35 (11): 2381—2387.

[5] Stathatos E, Petrova T, Lianos P. *Study of the efficiency of visible-light photocatalytic degradation of basic blue adsorbed on pure and doped mesoporous titania films* [J]. Langmuir, 2001, 17 (16): 5025—5030.

[6] Chen X, Zheng Z, Ke X E, et. al. *Supported silver nanoparticles as photocatalysts under ultraviolet and visible light irradiation* [J]. Green. Chem., 2010 (12): 414 —419.

[7] Sclafani A, Herrmann J M. *Influence of metallic silver and of platinum-silver bimetallic deposits on the photocatalytic activity of titania (anatase and rutile) in organic and aqueous media* [J]. J. Photochem. Photobiol. A, 1998 (113): 181—188.

[8] Subramanian V, wolf E, Kamat P. *Semiconductor-metal composite nanostructures to what extent metal nanoparticles (Au, Pt, Ir) improve the photocatalytic activity of TiO$_2$ films* [J]. J. Phys. Chem. B, 2001 (105): 11439 —11446.

[9] Anandan S, Kumar S P, Pugazhenthiran N, et al. *Effect of loaded silver nanoparticles on TiO$_2$ for photocatalytic degradation of acid red 88* [J]. Sol. Energy Mater. Sol. Cells, 2008, 92 (8): 929—937.

[10] Sökmen M, Özkan A. *Decolourising textile wastewater with modified titania: the effects of inorganic anions on the photocatalysis* [J]. J. Photochem. Photobiol. A: Chem., 2002, 147 (1): 77—81.

[11] Liu S X, Qu Z P, Hanb X W, et al. *A mechanism for*

enhanced photocatalytic activity of silver-loaded titanium dioxide [J]. Catal. Today, 2004, 93 — 95 (5): 877 —884.

[12] Alistair B A, Boxall, et al. The sorption and transport of a sulphonamide antibiotic in soil systems [J]. Toxicol. Lett., 2002 (131): 19—28.

[13] 王国忠，郭文欣，姚春鼍. 动物性产品中药物残留的危害性 [J]. 黑龙江畜牧兽医杂志，2000，39：23—27.

[14] Littlefield N A, Sheldon W G, Allen R. Chronic toxicity/ carcinogenicity studies of sulphamethazine in Fischer 344/ N rats: two-generation exposure [J]. Food Chem. Toxicol., 1990, 28 (3): 157—167.

[15] Cribb A, Miller M, Tesoro A, et al. Peroxidase-dependent oxidation of sulfonamides by monocytes and neutrophils from humans and dogs [J]. Mol. Pharmacol., 1990, 38 (5): 744—751.

[16] 姜蕾，陈书怡，杨蓉，等. 长江三角洲地区典型废水中抗生素的初步分析 [J]. 环境化学，2008，27 (3)：371—374.

[17] Hirsch R, Haberer T, Kratz K L. Occurrence of antibiotics in the aquatic environment [J]. The Science of the Total Environment. 1999 (225): 109—118.

[18] McArdell C S, Molnar E, Suter M J-F, Giger W. Occurrence and fate of marolide antibiotics in wasterwater treatment plantss and in the Glatt valley watershed [J]. Switzerland. Environ. Sci. Technol., 2003 (37): 5479 —5486.

[19] Baran W, Sochacka J, Wardas W. Toxicity and biodegradability of sulfonamides and products of their photocatalytic degradation in aqueous solutions [J].

Chemosphere，2006（65）：12951—12959.

[20] Boxall A B A，Blackwell P，Cavallo R，et al. *The sorption and transport of a sulphonamide antibiotic in soil system* [J]. Toxicol. Lett. ，2002（131）：19—28.

[21] 许月卿，赵仁兴，白天雄，等. 大孔吸附树脂处理含磺胺废水的研究 [J]. 离子交换与吸附，2003，19（2）：163—169.

[22] Liu X B，Sun Y，Yang C，et al. *Adsorptive removal of sulfanilamide，sulphamethazine and roxithromycin by mesoporous carbon* [C]. Study on Biological Control and Bio-technology，2009.

[23] Alexy R，Kumpel T，Kummerer K. *Assessment of degradation of 18 antibiotics in the Closed Bottle Test* [J]. Chemosphere，2004（57）：505—512.

[24] 常红，胡建英，王乐征，等. 城市污水处理厂中磺胺类抗生素的调查研究 [J]. 中国科学，2008，3（2）：159—164.

[25] 梁凤颜，尹平河，赵玲，等. 水体中微污染物磺胺嘧啶光催化降解行为 [J]. 生态环境学报，2009，18（4）：1227—1230.

[26] 张靖峰，杜志平，赵永红，等. 纳米 Ag/ZnO 光催化剂及其催化降解壬基酚聚氧乙烯醚性能 [J]. 催化学报，2007，28（5）：457—462.

[27] Whang T，Huang H，Hsieh M，et al. *Laser-induced silver nanoparticles on titanium oxide for photocatalytic degradation of methylene blue* [J]. Int. J. Mol. Sci.，2009（10）：4707—4718.

[28] 陈建华，张辉鹏，王建国，等. Ag 掺杂对 TiO_2 性质影响的第一性原理研究 [J]. 广西大学学报：自然科学版，2009，34（2）：241—245.

[29] Li J，Zeng H. *Preparation of Monodisperse Au/TiO_2*

nanocatalysts via self-assembly [J]. Chem. Mater. , 2006 (18): 4270—4277.

[30] Moulder J F, Stickle W F, Sobol P E, et al. *Handbook of X-ray Photoelectron Spectroscopy*, *2nd ed.* Perkin-Elmer Corp: USA, 1992.

[31] Rengaraj S, Li X. *Enhanced photocatalytic activity of TiO₂ by doping with Ag for degradation of 2, 4, 6-trichlorophenol in aqueous suspension* [J]. J. Mol. Catal. A: Chem. , 2006 (243): 60—67.

[32] Chen H, Ku Y, Kuo Y. *Effect of Pt/TiO₂ characteristics on temporal behavior of o-cresol decomposition by visible light-induced photocatalysis* [J]. Water Res. , 2007 (41): 2069—2078.

[33] Turek W, Pomarzańsk E S, Proń A, et al. *Propylene oxidation over poly (azomethines) doped with hetero polyacids* [J]. J. Catal. , 2000 (189): 297—313.

[34] Muneer M, Theurich J, Bahnemann D. *Titanium dioxide mediated photocatalytic degradation of 1, 2-diethyl phthalate* [J]. J. Photochem. Photobiol. A: Chem. , 2001 (143): 213—219.

[35] Sun L, Li J, Wang C, et al. *Ultrasound aided photochemical synthesis of Ag loaded TiO₂ nanotube arrays to enhance photocatalytic activity* [J]. J. Hazar. Mater. , 2009 (171): 1045—1050.

[36] Sobana N, Muruganadham M, Swaminathan M. *Nano-Ag particles doped TiO₂ for efficient photodegradation of direct azo dyes* [J]. J. Mol. Catal. A: Chem. , 2006 (258): 124—132.

[37] Feng J, Zheng Z, Luan J, et al. *Degradation of diuron in aqueous solution by ozonation* [J]. J. Environ. Sci. Health B. 2008, 43: 576—587.

[38] Zhang F, Pi Y, Cui J, et al. *Unexpected selective photocatalytic reduction of nitrite to nitrogen on silver-doped titanium dioxide* [J]. J. Phys. Chem. C, 2007, 111 (9): 3756—3761.

[39] He C, Yu Y, Hu X, et al. *Influence of silver doping on the photocatalytic activity of titania films* [J]. Appl. Surf. Sci. , 2002, 200 (1—4): 239—247.

[40] Xin B, Ren Z, Hu H, et al. *Photocatalytic activity and interfacial carrier transfer of Ag-TiO₂ nanoparticle films* [J]. Appl. Surf. Sci. , 2005, 252 (5): 2050—2055.

[41] Sung-Suh H M, Choi J R, Hah H J, et al. *Comparison of Ag deposition effects on the photocatalytic activity of nanoparticulate TiO₂ under visible and UV light irradiation* [J]. J. Photochem. Photobiol. A: Chem. , 2004 (163): 37—44.

[42] Roucoux A, Schlz J, Patin H. *Reduced transition metal colloids: A novel family of reusable catalysts* [J]. Chem. Rev. , 2002, 102 (10): 3757—3778.

[43] Hu L, Flanders P, Miller P, et. al. *Oxidation of sulfamethoxazole and related antimicrobial agents by TiO₂ photocatalysis* [J]. Water Res. , 2007 (41): 2612—2626.

第六章　银掺杂二氧化钛负载型多酸在降解农药废水中的应用

引　言

近年来，我国的水污染情况较为严重，特别是农药对水体的污染，引起了人们的高度重视。阿特拉津（Atrazine，AT）是一种重要的选择性苗前、苗后高效三嗪类除草剂，主要在玉米、甘蔗、高粱、果园、茶园、林地等产区大量使用，可防除一年生阔叶杂草和禾本科杂草，抑制某些多年生杂草。[1]由于阿特拉津具有优良的除草功效且价格低廉，被大量生产和广泛使用，它在环境中结构稳定、不易降解，对土壤、水体、生物体等都会造成不利影响。[2]目前，在许多国家和地区的水体中已经检测出阿特拉津及其残留物。[3,4]此外，经研究发现，阿特拉津对水中生物有强烈的毒性，可增大哺乳动物乳腺癌的发病率，影响人体的内分泌系统，被美国环保局（USEPA）列为内分泌干扰物（EDCs）。[5]因此，阿特拉津废水的治理已成为当今水处理领域的重要课题之一。

光催化技术以其降解效率高、速度快、无二次污染、矿化彻底等优点，被人们广泛地用于废水的治理研究。半导体 TiO_2 作为优良的光催化剂，虽然在光催化方面表现出优异的性能，但在实际应用中还存在着对太阳光的利用率低、回收困难和量子效率低等问题。因此，需要对 TiO_2 进行掺杂改性，研究和开发新型的复合光催化剂。

杂多酸（HPA）作为一类多功能的绿色新型光催化剂，尽管具有催化活性高、反应条件温和、氧化能力强、无毒、无污染等优点，但也存在比表面积小、易溶于极性溶剂而不能重复利用等缺陷。因此，需将杂多酸负载于各种载体上以克服其缺点。其中对 HPA/TiO₂ 复合催化剂的研究较多，HPA 能通过抑制 e^- 和 h^+ 的复合而提高 TiO₂ 量子效率，但对可见光的吸收利用率较低。贵金属 Ag 的掺入，因其独特的 SPR 效应，使复合光催化剂的光响应范围延伸至可见光区。

因此，本章选择具有较高模拟太阳光光催化活性的三元复合光催化材料 $H_3PW_{12}O_{40}/Ag$-TiO₂，研究其对阿特拉津的降解性能，并研究反应条件（初始浓度、pH、催化剂用量、掺杂量等）对阿特拉津降解效率的影响，确定最佳实验条件，提出了其降解路径，为模拟太阳光光催化技术处理废水中阿特拉津污染奠定了基础。

第一节 阿特拉津废水处理的研究现状

一、阿特拉津的理化性质

阿特拉津（$C_8H_{14}ClN_5$），又名莠去津，化学名称为：2-氯-4-乙氨基-6-异丙氨基-1，3，5-三嗪，分子量为 215.69，其分子结构式如图 6-1 所示。阿特拉津呈无色晶体，熔点为 173～175℃，蒸汽压：$4.0×10^{-5}$ Pa（25℃），溶解度为 33 mg/L（25℃），难溶于水，易溶于 CH₃OH、CH₃Cl 等有机溶剂。化学性质相对稳定，只有在高温下可被强酸或强碱分解。

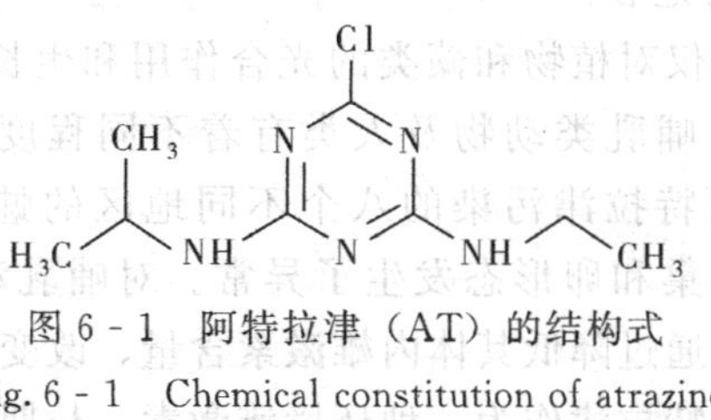

图 6-1 阿特拉津（AT）的结构式

Fig. 6-1 Chemical constitution of atrazine

二、阿特拉津的危害

1. 对水体的污染

残留于土壤中的阿特拉津易被浇灌水和雨水淋溶至较深土层，或随地表径流进入湖泊、河流，使地表水和地下水受到污染。目前，许多国家和地区的地表水和地下水已经受到不同程度的污染，并已对其禁止使用。Hoffman 等[6]研究发现，在美国的城市河流中阿特拉津、西玛津等三嗪类除草剂的检出浓度较高。严登华等[7]调查研究了阿特拉津在东辽河流域地表水中的含量。结果发现，阿特拉津在旱田和非旱田区内地表水中的平均浓度分别高达 9.71 $\mu g/L$ 和 8.854 $\mu g/L$，严重超过了我国《地表水环境质量标准》（GB3838－2002）对地表水中阿特拉津规定的最大允许浓度（0.003 mg/L）。

2. 对土壤性质影响

阿特拉津是一种优良高效的除草剂，使用量大，残留期长，在土壤和水中可残留一年以上。如果将长期使用阿特拉津的玉米田改种水稻、蔬菜、豆类等作物，经常会发生死苗现象，造成巨大的经济损失，这主要是由于土壤中残留的阿特拉津对阔叶、双子叶类作物具有一定的影响。此外，残留于土壤中的阿特拉津还易与 Zn、Cu、Cd 等金属形成复合物，或与土壤腐殖质相结合，长期以结合态形式存在，对整个生态系统构成了潜在威胁。

3. 对生物的危害

阿特拉津不仅对植物和藻类的光合作用和生长具有抑制作用，而且对两栖类、哺乳类动物及人类有着不同程度的损害。Hayes 等[8]研究了被阿特拉津污染的八个不同地区的蛙类，结果发现，92％的蛙类的精巢和卵形态发生了异常。对哺乳动物的研究也发现，阿特拉津可通过降低其体内雄激素含量、改变性成熟时间等造成繁殖异常。阿特拉津作为一种环境雌激素，长期接触会影响人的免疫系统、淋巴系统、内分泌系统和生殖系统，可能诱导有机体突变，甚至引发乳腺癌和卵巢癌。

三、阿特拉津废水的处理现状

1. 生物降解法

从 20 世纪 60 年代起，科学家们开始对降解阿特拉津的微生物进行研究，并逐渐取得了许多重要的成果。目前研究发现，细菌、真菌、藻类等微生物可有效降解阿特拉津。其中细菌主要包括：假单胞菌（Pseudomonas）、红球菌（Rhodococcus）、根瘤细菌（Rhizobium）、土壤杆菌（Agrobacterium）、不动杆菌（Acinetobacter）。曲霉属真菌（Aspergillus）、青霉（Penicillium）、镰孢霉（Fusarium）、根霉（Rhizopus）等。微生物的降解过程还需要不同的降解酶参与水解、还原、氧化、脱氯、缩合等反应。

胡宏韬等[9]利用从生产阿特拉津的车间污泥中分离出的 AT 菌，对阿特拉津进行降解研究。结果表明，AT 菌随实验温度（4～20 ℃）的升高，对阿特拉津溶液的降解能力逐渐增强且达到最佳值 38.8%。

刘宏生等[10]采用全新的筛选方法分离筛选出一株高效 AT 降解菌——丁香假单胞菌。经实验研究证实，在最佳条件（pH=7.0、温度 30 ℃）下培养的丁香假单胞菌，可将 98% 的阿特拉津发生降解。

经实验证实，尽管微生物可有效降解阿特拉津，但降解菌需要进行筛选分离及多种酶的参与，技术含量高，不易实现。

2. 氧化还原法

从阿特拉津（AT）的分子结构来看，氯原子为强吸电子基团，具有较高的电负性，可有效抑制某些生物降解酶的活性，因此，首先实现脱氯可显著提高其可生化性。自 1994 年，Gillham 等[11]提出铁屑可修复地下水后，利用零价及二元金属催化还原脱氯成为环境治理的研究热点。

郑奇峰等[12]研究了零价铁（Fe^0）在不同实验条件下对 AT 的降解效果。结果表明，金属铁在酸性条件下容易被腐蚀，促使 AT

发生还原脱氯反应而提高降解率；相反，Fe^0 在碱性条件下易形成 $Fe(OH)_3$ 而沉积于金属铁表面，阻碍降解反应的进行。

魏红等[13]对比研究了 Fe^0、Pd/Fe、Ni/Fe 对 AT 的降解效果。研究表明，溶液中 Cl^- 离子浓度大小和 AT 降解率高低的顺序为：Pd/Fe>Ni/Fe>Fe^0。Pd 和 Ni 均可将吸附其表面的 H_2 分解为 H 原子，H 原子具有更强的还原性，可有效加速 AT 的还原。相比之下，Pd/Fe 具有更大的比表面积，吸附的 H_2 更多，从而表现出较高的脱氯效果。

氧化还原法虽然可还原阿特拉津脱去氯原子，但不能使之完全矿化降解，同时，部分有毒金属的流失，对环境还会造成二次污染。

3. 光催化降解法

与其他降解方法相比，光催化降解法的降解速度快、降解效率高、不会造成二次污染，最重要的是可将阿特拉津完全矿化为 CO_2、H_2O、Cl^- 和 NO_3^- 等。

Gao 等[14]研究了 TiO_2 纳米管对阿特拉津（AT）的光催化降解性能。结果表明，在微波无极放电灯（EDLs）照射下，AT 在 5 min 内完全降解且在 20 min 时矿化率高达 98.5%。在整个降解过程中，Cl^- 和 NO_3^- 的浓度逐渐增大。

Gilma 等[15]将 Zn（Ⅱ）、Cu（Ⅱ）、Fe（Ⅲ）金属卟啉（TcPP）吸附于 TiO_2 表面，用其在可见光下对 AT 溶液进行催化降解。结果证实，Cu（Ⅱ）卟啉作为光敏剂，使 TcPPCu/TiO_2 光催化剂对 AT 的降解率提高到 82%。其降解过程主要是通过·OH 自由基攻击侧链烷基，实现脱烷基作用，再经氨基、羟基取代最终降解为氰尿酸。

刘丰良等[16]利用 Fe（Ⅲ）改性金红石相 TiO_2，在可见光下对 AT 进行降解研究。实验表明，当 AT 溶液的 pH 值约为 3 时，其降解率最高。研究认为，这可能是由于在强酸性条件下，AT 在催化过程中生成了质子化产物，表现出更强的反应活性。

Aguado 等[17]对 TiO$_2$光催化降解 AT 的中间产物进行了鉴定，并提出了可能的降解机理。结果表明，降解反应最初的中间产物有：脱异丙基生成的 ACET（2-氯-4-乙氨基-6-氨基-1，3，5-三嗪）、脱乙基生成的 ACIT（2-氯-4-氨基-6-异丙氨基-1，3，5-三嗪）和羟基取代氯得到的 EOIT（2-羟基-4-乙氨基-6-异丙氨基-1，3，5-三嗪），并根据浓度变化证实，阿特拉津的脱氯羟基化作用优先于烷基化作用。

第二节　复合材料的制备与光催化试验方法

一、银掺杂二氧化钛负载型多酸的制备

复合材料的制备同第五章第二节。

二、光催化降解实验

（1）光催化降解实验的装置同第四章第二节。

（2）阿特拉津的降解实验步骤：

量取 100 mL 已配制好的 10 mg/L 的 AT 溶液。向反应液中分别加入 100 mg 四种不同光催化剂（纯 TiO$_2$、H$_3$PW$_{12}$O$_{40}$/TiO$_2$-19.7、Ag/TiO$_2$-0.8、H$_3$PW$_{12}$O$_{40}$/Ag-TiO$_2$-（19.7，0.8））。将上述混合液超声 10 min 后，再避光搅拌 30 min，为了使 AT 溶液与催化剂充分接触，并达到吸附与脱附的平衡状态。开启氙灯，光照60 min，在此期间每隔 15 min 抽取一次降解液，将其高速离心10 min后，取上清液经滤膜过滤后，进行浓度测试。

（3）阿特拉津的测定：

采用高效液相色谱（Shimadzu LC－20A），分离柱为SYMMETRY C$_{18}$；流动相 V（水）：V（甲醇）＝40：60；流速0.8 mL/min；紫外检测器 λ＝226 nm。

第三节   银掺杂二氧化钛负载型多酸光催化降解阿特拉津实验条件的研究

一、$H_3PW_{12}O_{40}$ 担载量的变化对光催化降解 AT 的影响

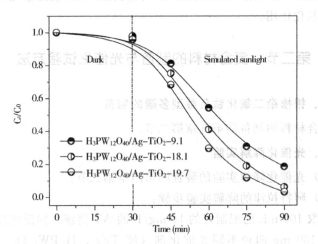

图 6 - 2 $H_3PW_{12}O_{40}$ 担载量对 AT 降解率的影响

Fig. 6 - 2   Influence of $H_3PW_{12}O_{40}$ loadings towards AT degradation

选择 300 W Xe 灯作为光源，催化剂用量 100 mg，AT 的初始浓度为 10 mg/L，pH 为 5.4，催化剂中 Ag 的掺杂量为 0.8% 左右，研究了不同 $H_3PW_{12}O_{40}$ 掺杂量（wt% = 9.1%、18.3%、19.7%）对 AT 光催化降解的影响，实验结果如图 6 - 2 所示。

从图中可以看出，随着复合材料中 $H_3PW_{12}O_{40}$ 担载量的增加，其暗吸附能力变化不大，对 AT 的吸附率大约为 3±1%。当降解到 60 min 时，复合材料 $PW_{12}/Ag\text{-}TiO_2\text{-}9.1$、$PW_{12}/Ag\text{-}TiO_2\text{-}18.3$、$PW_{12}/Ag\text{-}TiO_2\text{-}19.7$ 对 AT 的降解率分别为 81.5%、93.9%、96.9%。证明复合材料的光催化活性随 $H_3PW_{12}O_{40}$ 负载

量的增加而逐渐提高。催化活性的提高归因于 $H_3PW_{12}O_{40}$ 和 TiO_2 之间产生的协同作用，即 $H_3PW_{12}O_{40}$ 的掺杂有效抑制了催化剂表面光生电子－空穴对的复合；再者 $H_3PW_{12}O_{40}$ 的掺杂使复合材料的带隙能减小，增加了光量子产率，生成更多的活性基团。研究还发现，当 $H_3PW_{12}O_{40}$ 的理论投加量为 20％和 30％时，复合材料对 AT 的降解率相差不大，这是由于此时 $H_3PW_{12}O_{40}$ 实际负载与复合材料的百分含量均接近 20％，表明复合材料中 TiO_2 对 $H_3PW_{12}O_{40}$ 的负载已达到饱和状态。因此，在以下的条件实验中选择 PW_{12}/$Ag\text{-}TiO_2$-19.7 为光催化剂。

二、Ag 掺杂量变化对光催化降解 AT 的影响

选择 300 W Xe 灯作为光源，催化剂用量 100 mg，AT 的初始浓度为 10 mg/L，pH 为 5.4，根据上述实验确定 $H_3PW_{12}O_{40}$ 的担载量为 19％左右，研究 Ag 掺入的量分别为 0.2％、0.8％、1.6％ 和 4.8％的复合材料光催化降解阿特拉津活性，实验结果如图 6 - 3 所示。

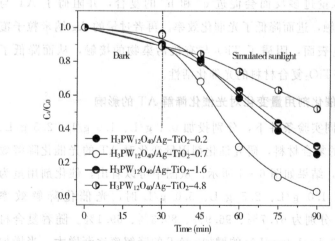

图 6 - 3　不同 Ag 掺杂量对 AT 降解率的影响

Fig. 6 - 3　Influence of Ag loadings towards AT degradation

从图中可以看出，随着 Ag 掺杂量的增加，催化剂对 AT 的吸附率逐渐提高。通过复合材料（PW_{12}/Ag-TiO_2-0.8、PW_{12}/Ag-TiO_2-1.7）的 N_2 吸附－脱附测定分析可知，复合材料 PW_{12}/Ag-TiO_2-0.8 和 PW_{12}/Ag-TiO_2-1.7 的比表面分别为：159.7 m^2/g、172.8 m^2/g，孔体积分别为 0.19 cm^3/g、0.23 cm^3/g。由此看出，随着复合材料中含 Ag 量的增加，其比表面积、孔体积也逐渐增大，复合材料对 AT 的吸附率也随接触面积的增大而逐渐提高。

如图 6-3 所示，模拟太阳光照射 60 min 后，不同含 Ag 量（0.2%、0.7%、1.6%、4.8%）的复合材料对 AT 的降解率分别为 74.8%、96.9%、69.9%、47.9%。表明掺入适量的 Ag 可提高复合材料的催化活性，且最佳掺杂量为 0.7%。研究发现，这主要是因为适量的 Ag 分散于 TiO_2 表面，成为了光生电子的聚集中心，可吸引空穴向其表面移动，有效地促进 e^- 和 h^+ 的分离。然而，Ag 的掺入量过多反而会促进 e^- 和 h^+ 的复合，并阻碍了 AT 与 TiO_2 的接触，进而降低了光催化效率。再者过量的 Ag 纳米粒子覆盖在 TiO_2 表面，阻碍了 TiO_2 与有机污染物的接触，从而降低了 PW_{12}/Ag-TiO_2 复合材料的光催化活性。

三、催化剂用量变化对光催化降解 AT 的影响

在相同实验条件下，分别投加 0.1 g/L、1.0 g/L、2.5 g/L、5.0 g/L 的复合材料，研究催化剂用量变化对 AT 的光催化降解效果的影响，结果如图 6-4 所示。从图中可以看出，催化剂用量为 0.1 g/L、1.0 g/L、2.5 g/L、5.0 g/L 时，光催化降解效率（60 min）分别为 67.7%、96.9%、89.3%、69.1%。随着复合材料用量（0.1~1.0 g/L）的增加，AT 的降解率逐渐增大，当增加到 1.0 g/L 时，降解率达到最大值，继续增加复合材料的投加量

（1.0 g/L～5.0 g/L），降解率反而降低。其原因主要是当复合材料的质量浓度过低时，AT 分子与复合材料分子的有效碰撞机率减少，导致降解率下降；而当其质量浓度过高时，复合材料分子可能会发生团聚，使其表面的活性位点减少，同时也增加了对入射光的散射作用，降低了对光子的有效吸收。因此，1.0 g/L 为复合材料的最佳用量。当复合材料 $PW_{12}/Ag\text{-}TiO_2$-（19.7，0.8）的质量浓度为 1.0 g/L 时，AT 的降解率最高，即已达到 96.9%（光照60 min）。

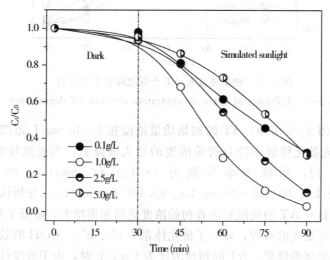

图 6-4　催化剂用量对 AT 降解率的影响

Fig. 6-4　The effect of photocatalyst amounts on removal rate of atrazine

四、初始浓度变化对光催化降解 AT 的影响

模拟太阳光下，$PW_{12}/Ag\text{-}TiO_2$-（19.7，0.7）复合光催化剂对不同初始质量浓度（1 mg/L、5 mg/L、10 mg/L、20 mg/L、40 mg/L）的 AT 降解率的影响如图 6-5 所示。

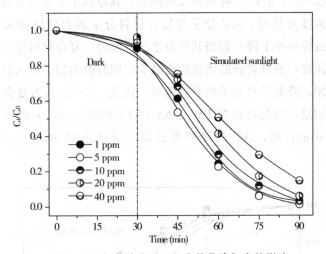

图 6 - 5　初始浓度对 AT 光催化降解率的影响

Fig. 6 - 5　Influence of initial concentration towards AT degradation

由图 6 - 5 可知，AT 的初始质量浓度在 5～40 mg/L 范围内，AT 的光催化降解率随着初始浓度的增大而降低，当光照降解到 60 min 时，则降解率分别为 98.8%（5 mg/L）、96.9%（10 mg/L）、90.2%（20 mg/L）、85.4%（40 mg/L）。分析认为：复合材料对 AT 的吸附量随着初始浓度的增加而增大，降低了复合材料对可见光的吸收，减少了催化体系中 e^-、h^+、·OH 的数目，使降解率逐渐降低。AT 的初始浓度为 1 mg/L 时，由于浓度过低，AT 分子在催化体系中较为分散，减少 AT 分子与复合材料分子间的有效碰撞，因此，其降解率略低于 5 mg/L。

五、pH 变化对光催化降解 AT 的影响

AT 原溶液（10 mg/L）的 pH 为 5.4，利用稀 HCl（1.0 mol/L）和 NaOH 溶液（1.0 mol/L）调节 AT 水溶液的 pH 分别为 2.0、3.5、7.5、9.4，研究不同 pH 对复合材料 $H_3PW_{12}O_{40}$/Ag-TiO$_2$-（19.7，0.8）光催化降解 AT 影响，实验结

果如图 6-6 所示。

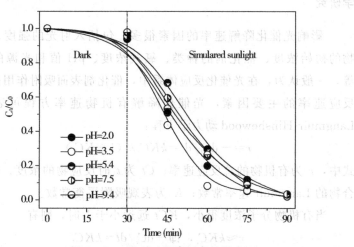

图 6-6　pH 对 AT 降解率的影响

Fig. 6-6　Influence of solution pH value towards AT degradation

从图中可以看出，光照降解 30 min 后，复合材料对 AT 溶液（pH = 2.0、3.5、5.4、7.5、9.4）的降解率分别为 80.2%、91.9%、70.5%、74.6%、73.7%。由此可知，在酸性条件（pH≤3.5）下更有利于 AT 的降解，且当 pH=3.5 时，光催化降解效果最佳，60 min 时，降解率高达 99.3%。在酸性条件下，将有更多的 H^+ 吸附于 TiO_2 表面，使复合材料表面带正电，而 AT 分子上的氯原子为强吸电子基团，电负性较高，使得复合材料与 AT 分子具有更强的吸附性。同时带正电的复合材料不仅可促进 e^- 发生转移，易与表面的吸附氧反应生成 $\cdot O_2^-$ 自由基（$e^- + O_2 \rightarrow \cdot O_2^-$），还能够有效抑制 e^- 与 h^+ 的重新复合，使 h^+ 与 H_2O 产生更多的 $\cdot OH$ 自由基（$h^+ + H_2O \rightarrow \cdot OH + H^+$）。$\cdot O_2^-$ 和 $\cdot OH$ 两个活性基团具有强氧化性，可使复合材料对 AT 的降解率显著提高。

六、$H_3PW_{12}O_{40}/Ag-TiO_2$ 复合材料对 AT 的光催化反应动力学研究

影响光催化降解速率的因素很多，包括入射光的强度、有机物的初始浓度、催化剂的种类、氧气浓度、pH 值和光源的类型等。一般认为，在光催化反应体系中，催化剂表面吸附作用是影响反应速率的主要因素，光催化降解有机物速率方程可表示为 Langmuir-Hinshewood 动力学方程：

$$r=-dC_t/d_t=kKC_t/ (1+KC_t)$$

式中，r 为有机物的总反应速率；Ct 为 t 时反应物的浓度；k 为化合物的 Langmuir 速率常数；K 为表观吸附平衡常数。

当有机物分子浓度很小，KCt 远远小于 1 时，则有

$$r\approx kKC_t，即-dC_t/dt=kKC_t$$

对上式两边积分可得：

$$\ln (C_0/C_t) =kKt=K't$$

式中：C_0——反应物的初始浓度

K'——表观一级反应速率常数

反应初始速率为：

$$r_0 = K'C_0$$

式中 r_0 为反应初始速率。

在模拟太阳光条件下，研究了不同催化剂（TiO_2、$H_3PW_{12}O_{40}/TiO_2$、Ag/TiO_2 和 $H_3PW_{12}O_{40}/Ag\text{-}TiO_2$），不同反应条件下 AT 的光催化反应动力学，结果见表 6 - 1。从表中可以看出，$\ln (C_0/C_t)$ 和光照时间 t 均呈线性关系，其反应符合 Langmuir-Hinshelwood 一级动力学方程。对于不同催化剂 TiO_2、$H_3PW_{12}O_{40}/TiO_2$、Ag/TiO_2 和 $H_3PW_{12}O_{40}/Ag\text{-}TiO_2$，光催化降解 AT 的反应速率常数分别为 $2.1\times10^{-2}/min^{-1}$、$2.6\times10^{-2}/min^{-1}$、

$2.5 \times 10^{-2}/min^{-1}$、$5.0 \times 10^{-2}/min^{-1}$。由此可以看出，二元体系反应速率常数略高于一元体系。对于三元体系的 $H_3PW_{12}O_{40}/Ag$-TiO_2复合材料，其对阿特拉津光催化反应的初始速率比纯 TiO_2提高了 2.38 倍。对不同初始质量浓度（1 mg/L、5 mg/L、10 mg/L、20 mg/L、40 mg/L）的 AT，光催化反应的速率常数分别为 $5.5 \times 10^{-2}/min^{-1}$、$6.6 \times 10^{-2}/min^{-1}$、$5.0 \times 10^{-2}/min^{-1}$、$4.1 \times 10^{-2}/min^{-1}$、$2.7 \times 10^{-2}/min^{-1}$。当 $C_0 = 5$ mg/L 时，AT 的反应速率常数比 $C_0 = 40$ mg/L 时提高了 2.44 倍。当催化剂用量为 0.1 g/L、1.0 g/L、2.5 g/L、5.0 g/L 时，AT 的光催化反应速率常数分别为 $1.7 \times 10^{-2}/min^{-1}$、$5.0 \times 10^{-2}/min^{-1}$、$2.7 \times 10^{-2}/min^{-1}$、$1.4 \times 10^{-2}/min^{-1}$。当催化剂用量为 1.0 g/L 时，AT 的反应速率常数比催化剂用量为 5.0 g/L 时提高了 3.57 倍。当 AT 水溶液的pH 分别为 2.0、3.5、5.4、7.5、9.4 时，光催化反应的速率常数分别为 $6.2 \times 10^{-2}/min^{-1}$、$6.7 \times 10^{-2}/min^{-1}$、$5.0 \times 10^{-2}/min^{-1}$、$5.3 \times 10^{-2}/min^{-1}$、$5.5 \times 10^{-2}/min^{-1}$。由此可以看出，反应液 pH值的变化对光催化降解反应的速率影响不大。

表 6 - 1　AT 的光催化反应动力学

Tab. 6 - 1　Photocatalytic reaction dynamics of AT

催化剂	反应速率常数 $K_{ap} \times 10^{-2}/min^{-1}$	半衰期 $^aT_{1/2}/min$	相关系数 R^2
直接光解	0.17	>60	0.9987
TiO_2	2.1	33	0.9969
$H_3PW_{12}O_{40}/TiO_2$，	2.6	27	0.9943
Ag/TiO_2	2.7	26	0.9931
$H_3PW_{12}O_{40}/Ag$-TiO_2	5.0	14	0.9930

催化剂		反应速率常数 $K_{ap} \times 10^{-2}/min^{-1}$	半衰期 $^aT_{1/2}/min$	相关系数 R^2
实验条件 $(H_3PW_{12}O_{40}/$ Ag-TiO$_2$)	催化剂用量 $(g \cdot L^{-1})$	0.1	1.7	41	0.9951
		1.0	5.0	14	0.9930
		2.5	2.7	26	0.9731
		5.0	1.4	50	0.9737
	初始浓度 $(mg \cdot L^{-1})$	1	5.5	13	0.9856
		5	6.6	11	0.9814
		10	5.0	14	0.9930
		20	4.1	17	0.9746
		40	2.7	26	0.9801
	pH 值	2.0	6.2	11	0.9924
		3.5	6.7	10	0.9845
		5.4	5.0	14	0.9930
		7.5	5.3	13	0.9911
		9.4	5.5	13	0.9901

^{a}Half-life time $(t_{1/2})$ was calculated from the rate constant as Eq.: $t_{1/2} = \ln2/k_{ap}$.

七、$H_3PW_{12}O_{40}$/Ag-TiO$_2$复合材料光催化氧化机理的研究

　　根据 TiO$_2$ 的光催化机理可知，光生 h^+ 和 e^- 可与 TiO$_2$ 粒子表面的 H_2O、OH^-、O_2 反应，产生 $\cdot OH$、$\cdot O_2^-$、H_2O_2 等活性物种而参与光催化降解反应。为了考查复合材料在降解 AT 的过程中何种活性物种起主要作用，则在相同的实验条件下，分别加入 0.1 mL 异丙醇（$\cdot OH$ 俘获剂）和 0.0038 g EDTA（h^+ 捕获剂）

进行了对比实验，实验结果如图 6 - 7 所示。

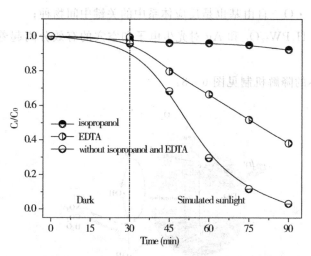

图 6 - 7　异丙醇和 EDTA 对 AT 降解率的影响

Fig. 6 - 7　Influence of isopropyl and EDTA towards AT degradation

从图 6 - 7 中可以看出，在光催化体系中加入异丙醇后，明显阻碍了复合材料 $PW_{12}/Ag\text{-}TiO_2$-（19.7，0.8）对 AT 的降解，模拟太阳光照射 60 min 后，其降解率从 96.9% 降到 7.7%。异丙醇是优良的羟基自由基俘获剂，这证实了在此光催化反应中·OH 自由基起决定性作用。EDTA（乙二胺四乙酸）是一种空穴捕获剂，EDTA 对 AT 的降解率也有较大的影响，其降解率从 96.9 降到 62.0%，比未加入抑制剂时降解率降低了 34.9%，这说明空穴对该降解反应也起到了一定的作用。分析认为，虽然 EDTA 可抑制光生空穴的产生，阻止空穴与 H_2O 和 OH^- 反应产生·OH 自由基，但·OH 自由基还可以通过光生电子与吸附氧反应而得到。

综上所述，在模拟太阳光条件下，$H_3PW_{12}O_{40}/Ag-TiO_2$ 复合材料光催化降解阿特拉津体系中，光催化降解的可能机制是：

（1）·OH 自由基是反应体系中的主要氧化物种；

（2）·O_2^- 自由基也是反应体系中的关键中间物种；

（3）$H_3PW_{12}O_{40}$ 和 Ag 对光生电子和空穴的有效分离起着重要的作用。

具体的降解机制见图 6 - 8：

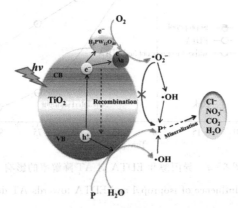

图 6 - 8　$H_3PW_{12}O_{40}/Ag\text{-}TiO_2$ 复合光催化剂降解污染物的机制

Fig. 6 - 8　Photo-induced formation mechanism of electron-hole pair in $H_3PW_{12}O_{40}/Ag\text{-}TiO_2$ composite catalyst with the presence of pollutant（P）

八、催化剂的重复利用对光催化降解 AT 的影响

为了进一步考察复合材料光催化活性的稳定性和循环使用寿命，在模拟太阳光条件下（波长范围为 320～680 nm），复合材料 $PW_{12}/Ag\text{-}TiO_2\text{-}$（19.7，0.8）对 AT（10 mg/L）进行五次光催化降解，结果如图 6 - 9 所示。

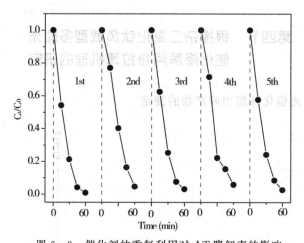

图 6 - 9　催化剂的重复利用对 AT 降解率的影响

Fig. 6 - 9　Recyclability of the catalyst for the photocatalytic

degradation of an aqueous AT

　　从图中观察到，光照 60 min 时，复合材料第一次使用对 AT 的光催化降解率为 98.6%。催化剂每次使用后，经无水乙醇和蒸馏水清洗数次，再离心干燥进行重复利用，每次降解 60 min，重复利用四次的降解率分别为 95.5%、96.9%、95.2%、97.4%。由此可以看出，复合催化剂经五次光催化降解后，对 AT 的降解率仍 95% 左右，说明复合材料 $PW_{12}/Ag\text{-}TiO_2\text{-}$ (19.7, 0.8) 比较稳定。这主要是由于：当杂多酸接受电子时，被还原为杂多蓝 (HPB)，HPB 不具有光催化活性，但是，通过电子的转移可以很快再生为 HPA；·OH 自由基可以通过 O_2^-· 和 HO_2· 两个中间体的作用，被不断地生成；复合膜中 $H_3PW_{12}O_{40}$ 与 TiO_2 之间通过化学键结合，Ag 和 $H_3PW_{12}O_{40}$ 不易被光脱落和分解。通过 ICP-AES 和 AAS 检测，五次循环后仅有 0.3% 的 $H_3PW_{12}O_{40}$ 和 0.2% 的银脱落。

第四节　银掺杂二氧化钛负载型多酸光催化降解阿特拉津机理的研究

一、光催化降解中间产物的测定

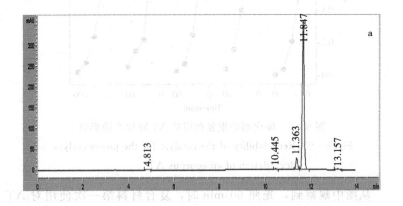

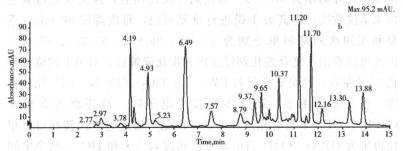

(a) AT solution (b) degradation fluid after 60 min photodegradation

图 6 - 10　光催化降解 AT 的 HPLC 色谱图　(a) AT 原液　(b) 光降解 60 min

Fig. 6 - 10　HPLC chromatogram of photocatalytic degradation of AT

表6-2　阿特拉津及光催化中间产物

Table.6-2　Atrazine photocatalytic degradation of atrazine intermediate products

缩写	化学名称	分子式	出峰时间 (min)	检测到的分子量	实际分子量
AT	2-氯-4-乙氨基-6-异丙氨基-1,3,5-三嗪	2-氯-4-乙氨基-6-异丙氨基-1,3,5-三嗪 结构式	13.88	216.2	215.7
AOHE	2-氯-4-乙酰氨基-6-异丙氨基-1,3,5-三嗪	2-氯-4-乙酰氨基-6-异丙氨基-1,3,5-三嗪 结构式	11.79	230.2	229.7
ACIT	2-氯-4-氨基-6-异丙氨基-1,3,5-三嗪	2-氯-4-氨基-6-异丙氨基-1,3,5-三嗪 结构式	11.28	188.2	187.6
ACIT	2-氯-4-氨基-6-硝基-1,3,5-三嗪	2-氯-4-氨基-6-硝基-1,3,5-三嗪 结构式	10.37	174.1	175.5
ACET	2-氯-4-乙氨基-6-氨基-1,3,5-三嗪	2-氯-4-乙氨基-6-氨基-1,3,5-三嗪 结构式	7.63	172.1	173.6
ACET	2-羟基-4,6-二硝基-1,3,5-三嗪	2-羟基-4,6-二硝基-1,3,5-三嗪 结构式	6.42	188.1	187.1

续　表

缩写	化学名称	分子式	出峰时间（min）	检测到的分子量	实际分子量
CAAT	2-氯-4，6-二氨基-1，3，5-三嗪	（见图）	4.93	146.1	145.6
AOIT	2-羟基-4-氨基-6-异丙氨基-1，3，5-三嗪	（见图）	4.19	170.2	169.2

　　利用高效液相色谱—质谱（HPLC-MS）对 PW_{12}/Ag-TiO_2-（19.7，0.8）复合材料光催化降解 60 min 后 AT 的中间产物进行了分析测定。图 6-10 所示的是 AT 原液和降解 60 min 后 AT 的中间产物的液相色谱图。从图中可以看出，光催化降解 60 min 后，AT 的谱峰强度减弱，在 11.6 min（AT 的保留时间）之前出现许多不同强度的谱峰，证明此时形成了 AT 降解的多种中间产物。

　　模拟太阳光下照射 60 min 后，AT 及中间产物的 HPLC-MS 谱图如图 6-10 所示。根据图中液相色谱出峰时间与质谱中分子量的对应，鉴定出中间产物主要有：2-氯-4-乙酰氨基-6-异丙氨基-1，3，5-三嗪（AOHE）、2-氯-4-氨基-6-异丙氨基-1，3，5-三嗪（ACIT）、2-氯-4-氨基-6-硝基-1，3，5-三嗪、2-氯-4-乙氨基-6-氨基-1，3，5-三嗪（ACET）、2-羟基-4，6-二硝基-1，3，5-三嗪、2-氯-4，6-二氨基-1，3，5-三嗪（CAAT）、2-羟基-4-氨基-6-异丙氨基-1，3，5-三嗪（AOIT）（表 6-2）。

二、光催化降解过程中 TOC 的变化

　　在复合材料 PW_{12}/Ag-TiO_2-（19.7，0.8）（1.5 mg/L）对 AT

（10 mg/L、150 mL、pH＝5.4）的降解过程中，TOC 的变化曲线如图 6 - 11 所示。

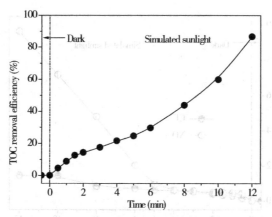

图 6 - 11　AT 降解过程中 TOC 的去除率变化

Fig. 6 - 11　The total organic carbon removal during AT degradation

由图 6 - 11 可知，当 AT 在模拟太阳光照射下降解到 1 h 时，其 TOC 去除率仅为 8.7%，而从图 6 - 8 可知，在此时 AT 的降解率已达到 98.6%。这表明，虽然此时 AT 已完全去除，却未完全被矿化，而由 HPLC-MS 测试可知生成了多种中间产物（表 6 - 2）。当 AT 光照降解 12 h 后，TOC 去除率增大到 86.7%，证明 AT 溶液已基本上完全转化为 CO_2、H_2O 和无机离子。

三、光催化降解过程中 Cl^-、NO_3^- 的浓度变化

如图 6 - 12 所示，由离子色谱（IC）测试结果可知，在 AT 降解过程中 Cl^- 和 NO_3^- 的浓度逐渐增大，降解到 1 h 时，其浓度分别为 1.237 mg/L 和 0.451 mg/L。结合上面的结果可知，此时 AT 未被完全矿化，而是生成了 Cl^-、NO_3^- 及多种中间产物。当 AT 光照降解到 6 h 时，NO_3^- 浓度迅速增大，直到 12 h 时，NO_3^- 和

Cl^- 的浓度分别为 9.633 mg/L 和 1.469 mg/L，AT 已基本完全矿化，最终转化为 Cl^-、NO_3^-、CO_2、H_2O。

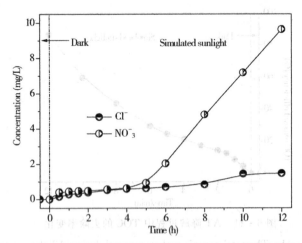

图 6 - 12　$H_3PW_{12}O_{40}/Ag\text{-}TiO_2$-（19.7，0.8）光催化降解 AT 过程中 Cl^-、NO_3^- 的浓度变化曲线

Fig. 6 - 12　Evolution of Cl^-, NO_3^- during the course of photocatalytic degradation of AT with $H_3PW_{12}O_{40}/Ag\text{-}TiO_2$-（19.7，0.8）

四、复合材料 $H_3PW_{12}O_{40}/Ag\text{-}TiO_2$ 光催化降解 AT 的路径

根据 AT 光催化降解的中间产物和相关文献，推测 AT 可能有以下三种降解途径：

如图 6 - 13 所示，复合材料 $H_3PW_{12}O_{40}/Ag\text{-}TiO_2$-（19.7，0.8）在模拟太阳光照射下，由价带空穴和吸附于表面的 OH^- 或 H_2O 分子反应产生·OH 自由基，从而进攻 AT 分子。AT 光催化降解过程可能存在以下三条路径。

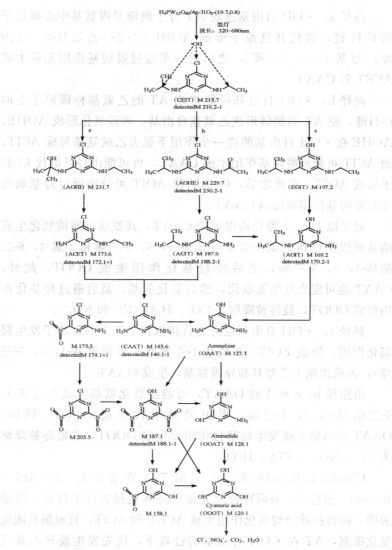

图 6 - 13　H₃PW₁₂O₄₀/Ag-TiO₂-（19.7，0.8）光催化降解 AT 机理图

Fig. 6 - 13　Proposed degradation pathway of aqueous

AT inH₃PW₁₂O₄₀/Ag-TiO₂-（19.7，0.8）

路径 a：・OH 自由基进攻 AT 分子侧链异丙氨基中心碳原子的 C-H 键，取代其氢原子形成 AOHI［2-氯-4-乙氨基-6-（2-丙醇）-氨基-1，3，5-三嗪］，之后进一步通过脱烷基作用先后生成 ACET 和 CAAT。

路径 b：・OH 自由基可能进攻 AT 的乙氨基仲碳原子上的 C-H键，使 AT 的侧链形成乙氨基自由基，再经氧化形成 AOHE。AOHE 在・OH 自由基的进一步作用下脱去乙酰氨基形成 ACIT，而 ACIT 可能经脱烷基作用生成 CAAT，也可能由羟基取代 Cl 原子形成 AOIT。在此之后，CAAT 和 AOIT 可分别通过羟基取代和脱异丙基作用而得到 OAAT。

对于以上 a、b 路径均得到的 CAAT，其氨基可能被氧化生成硝基而依次得到 2-氯-4-氨基-6-硝基-1，3，5-三嗪和 2-氯-4，6-二硝基-1，3，5-三嗪，之后经羟基化作用生成 OOOT。此外，CAAT 也可能先发生氯取代，然后氧化氨基，最后通过羟基化作用形成 OOOT，最终被降解为 CO_2、H_2O、Cl^- 和 NO_3^-。

路径 c：・OH 自由基也可能直接取代 AT 上的氯原子发生羟基化作用，形成 EOIT（2-羟基-4-乙氨基-6-异丙氨基-1，3，5-三嗪），再依次脱去乙氨基和异丙氨基，生成 OAAT。

由路径 b、c 形成的 OAAT，可能经氧化氨基生成 2-羟基-4，6-二硝基-1，3，5-三嗪，再由羟基取代形成 OOOT。同时，OAAT 也可能直接发生羟基化作用而生成 OOOT，并最终被降解为 Cl^-、NO_3^-、CO_2、H_2O。

Claudia L. Bianchi 等[18-20] 利用 TiO_2 在紫外光（$\lambda = 315 \sim 400$ nm）照射下，对阿特拉津光催化降解机理进行了研究。结果表明，阿特拉津经烷基化作用生成 ACET 和 ACIT，且根据其浓度变化推测，AT 在・OH 自由基的进攻下，优先发生脱异丙基反应。ACET 和 ACIT 通过羟基化作用最后形成 OAAT。这与本章推导的降解机理是一致的。

本章参考文献

[1] 万年升，顾继东，段舜山. 阿特拉津生态毒性与生物降解的研究 [J]. 环境科学学报. 2006，26（4）：552—560.

[2] 杨文武，马永刚，张宗祥. 高效液相色谱法测定水中 7 种三嗪类除草剂 [J]. 环境监测管理与技术，2010，22（6）：55—57.

[3] Cummlns C M，Kolvunen M E，Stephanlan A，et al. *Application of europium（Ⅲ）chelatedyed nanoparticle labels in a competitive atrazine fluoroimmunoassay on an ITO waveguide* [J]. Bio-sensors and Bioelectronics. 2006（21）：1077—1085.

[4] Claudla L B，Carlo P，Vittorio R，et al. *Mechanism and efficiency of atrazine degration under combined oxidation processes* [J]. Appl. Catal. B：Environ. ，2006（64）：131—138.

[5] Lassere J P，Fack F，Revets D. *Effects of the endo-crine disrupting compounds atrazine and PCB 153 on the protein expression of MCF-7 human breast cancer cells* [J]. Toxicol. Lett. ，2008，180（10）：122—129.

[6] Hofman R S，Capel P D，Larson S J. *Comparison of pesticide in eight US urban streams* [J]. Environ. Toxicol. Chenl. ，2000，19（9）：2249—2258.

[7] 严登华，何岩，王洁. 东辽河流域地表水体中 Atrazine 的环境特征 [J]. 环境科学，2005，26（3）：203—208.

[8] Hayes T B，Collins A C，Lee M，et al. *Hermaphroditic demasculinized frogs after expose to the herbicide atrazine at low ecologically relevantdoses* [J]. Proc. Natl. Acad. Sci. USA. ，2002，99（8）：5476—5480.

［9］ 胡宏韬，程金平. 静态环境下阿特拉津的生物降解研究 ［J］.
环境污染治理技术与设备，2006，7（8）：57－59.

［10］ 刘宏生，姜薇，宋雅娜，等. 莠去津高效降解菌的筛选及鉴
定 ［J］. 辽宁工程技术大学学报，2009，28（1）：145－148.

［11］ Gillham R W，Hannesin S F. *Modern trends in Hydrology.
Hamilton Canada.* International Association of Hydrologists
Conference，1992.

［12］ 郑奇峰，谢文明. 零价铁降解水中的阿特拉津 ［J］. 吉林农
业科学，2010，35（4）：59－61.

［13］ 魏红，徐志嬙，李克斌，等. Pd/Fe 和 Ni/Fe 二元金属去除
水体中莠去津的比较 ［J］. 环境科学，2007，26（3）：380
－383.

［14］ Gao Z，Yang S，Ta N，et al. *Microwave assisted rapid
and complete degradation of atrazine using* TiO_2 *nanotube
photocatalyst suspensions* ［J］. J. Hazard. Mater.，2007
（145）：424－430.

［15］ Gilma G O，Edgar A P，Fernando M O，et al.
*Degradation of atrazine using metalloporphyrins supported
on* TiO_2 *under visible light irradiation* ［J］. Appl. Catal.
B：Environ.，2009（89）：448－454.

［16］ 刘丰良，刘淑君，薛志超，等. Fe（III）改性金红石 TiO_2 可
见光催化 H_2O_2 降解阿特拉津的研究 ［J］. 水处理技术，
2010，36（1）：67－69.

［17］ López-Muñoz M J，Aguado J，Revilla A. *Photocatalytic
removal of s-triazines：Evaluation of operational
parameters* ［J］. Catal. Today，2011（161）：153－162.

［18］ Claudia L B，Carlo P，Vittorio R，er al. *Mechanism and
efficiency of atrazine degradation under combined
oxidation processes* ［J］. Appl. Catal. B：Environ.，2006

(64): 131—138.

[19] McMurray T A, Dunlop P S M , Byrne J A. *The photocatalytic degradation of atrazine on nanoparticulate TiO₂ films* [J]. J. Photochem. Photobiol. A: Chem. 2006 (182): 43—51.

[20] Jain S, Yamgar R, Jayaram R V. *Photolytic and photocatalytic degradation of atrazine in the presence of activated carbon* [J]. Chem. Eng. J. 2009 (148): 342—347.